香辛料生产一本通

徐清萍 • 主编　　张 飞 • 副主编

化学工业出版社
·北京·

图书在版编目（CIP）数据

香辛料生产一本通/徐清萍主编．—北京：化学工业出版社，2017.3（2022.9 重印）
ISBN 978-7-122-28687-1

Ⅰ.①香… Ⅱ.①徐… Ⅲ.①香料-食品添加剂-生产工艺 Ⅳ.①TS264.3

中国版本图书馆 CIP 数据核字（2016）第 309157 号

责任编辑：彭爱铭　　装帧设计：关　飞
责任校对：宋　夏

出版发行：化学工业出版社（北京市东城区青年湖南街 13 号　邮政编码 100011）
印　　装：北京虎彩文化传播有限公司
850mm×1168mm　1/32　印张 7¼　字数 196 千字
2022 年 9 月北京第 1 版第 9 次印刷

购书咨询：010-64518888　　售后服务：010-64518899
网　　址：http://www.cip.com.cn
凡购买本书，如有缺损质量问题，本社销售中心负责调换。

定　　价：**35.00 元**　

FOREWORD

前言

香辛料是一类能用于食品调味的食用香料植物。近年来，香辛料被广泛应用于餐饮、食品加工中，产业发展迅速。由于香辛料风味独特，且组成成分具有生物活性，其应用领域不断拓展。在食品加工中，香辛料提取物作为食品防腐剂、抗氧化剂、着色剂、增味剂等天然食品添加剂被广泛开发应用。

各种香辛料挥发油产品、功能性有效成分都是重要的轻工、化工和食品工业的原辅料和加工产品，在国民经济中具有不可替代的重要作用，随着市场的发展和消费者需求，香辛料的生产加工工艺和技术有了较大完善，蒸馏、萃取、吸附、胶囊化等各种技术都开始用于香辛料的加工，为开发新产品创造了条件。以香辛料精油和油树脂为代表的深加工产业及各种香辛料类复合调味料生产开发蓬勃发展，市场前景十分广阔。

本书着重介绍了香辛料种类、生产及主要设备、香辛料的复配、香辛料成分检测及质量标准等内容。本书可作为科研、教学、工程技术人员的实用参考书。

本书由郑州轻工业学院徐清萍、张飞、刘苏萌编写，全书由徐清萍统一整理。

本书在编写过程中查阅了相关文献，由于篇幅有限，参考文献未能一一列出，在此，谨向文献的作者表示衷心感谢！

由于笔者水平有限，不当之处在所难免，敬请读者批评指正。

编者

2016.8

CONTENTS

目 录

第一章 香辛料概念及分类

第一节 香辛料定义

香辛料是指具有天然味道或气味等味觉属性、可用作食用调料或调味品的植物特定部位，是一类能够使食品呈现香、辛、麻、辣、苦、甜等特征气味的食用植物香料的简称。单纯从香辛料三个字来讲，香，指的是香气；辛是麻，代表口感成分。总的来说，即有一定的香气，又有一定的口感的调味品就叫香辛料。

美国香辛料协会认为："凡是主要用于食物调味的植物，均可称为香辛料"。香辛料也称辛香料（包括香草类），是生产天然香料的主要来源，也是人们日常生活中的重要食品配料。人们使用的香辛料多为该植物的种子、根、茎（鳞茎或球茎）、叶片、花蕾、皮、果实、全株或其提取物等植物性产品或混合物，最古老的香辛料要数八角、花椒、辣椒、桂皮、生姜等中国传统调味料。香辛料可赋予食品一定的香型，改善食品风味，从而提高食品质量与价值，香辛料的运用对菜肴的质量起着重要的作用，它不仅能使人们在感官上享受到真正的乐趣，而且还直接影响食物的消化吸收。

随着我国食品工业的快速发展，追求食品安全、营养卫生、风味独特已经成为发展趋势。在市场需求与科技进步的双重驱动下，我国的香辛料深加工产业蓬勃兴起，但香辛料行业中成规模的企业数量有限，行业市场整合度不高。以香辛料精油和油树脂为代表的深加工产业不仅对传统食品升级换代起着助推作用，而且对提升质量、实现标准化有深远的影响。

第二节 香辛料的分类

世界各地有使用报道的香辛料超过百种。为研究和学习方便，需将香辛料进行分类。按照不同的方法归类，香辛料大体可以有以下 5 种分类方法。

一、按香辛料的植物学分类

按香辛料所属植物科目进行的分类属植物学范畴。这有利于各种香辛料的优良品种的选择、香辛料之间的取代和香辛料新品种的开发。见表 1-1。

表 1-1 香辛料的植物分类

双子叶植物(科)	植物名称
唇形科	薄荷、牛至、甘牛至、罗勒、风轮菜、留兰香、百里香、鼠尾草、迷迭香、紫苏、藿香
茄科	红辣椒、甜椒
胡麻科	芝麻
菊科	龙蒿、木香、母菊、菊苣、
胡椒科	黑胡椒、白胡椒、荜拨
肉豆蔻科	肉豆蔻、肉豆蔻衣
樟科	肉桂、月桂叶
木兰科	八角、五味子
十字花科	芥子、辣根
豆科	葫芦巴
芸香科	花椒
桃金娘科	丁香、多香果
伞形花科	欧芹、芹菜、枯茗、茴香、葛缕子、芫荽、莳萝、白芷
桑科	酒花
单子叶植物(科)	植物名称
百合科	大蒜、洋葱、韭菜、细香葱
鸢尾科	番红花
姜科	豆蔻、草豆蔻、草果、小豆蔻、姜、姜黄
兰科	香荚兰

利用香辛料植物学的分类对配方进行微调可形成自己的风格和使风味多样性。一般而言，属于同一科属的香辛料在风味上有类似性。

二、按植物的利用部位分类

在香辛料中，呈味物质常集中于该植物的特定器官。除少数（如芫荽等）可以整体作调味品外，多数是选用植物中富含呈味物质的部分应用。按所用植物组织部位可分为：①果实　胡椒、众香子、八角、辣椒、茴香等；②叶及茎　薄荷、月桂、鼠尾草、迷迭香、香椿等；③种子　芹菜、莳萝、小豆蔻等；④树皮　肉桂等；⑤鳞茎　洋葱、大蒜等；⑥地下茎　姜、姜黄等；⑦花蕾　丁香、芸香科植物等；⑧假种皮　肉豆蔻；⑨果荚　香荚兰；⑩柱头　番红花。

三、按风味分类

按风味对香辛料分类是最有实际应用价值的分类法。如表 1-2 所示，大体可分为辣味、香味、苦味、麻味、甘味、着色性香辛料等。

表 1-2　香辛料风味特征分类

种类	香辛料	风味特征					功能		
		芳香	辣味	苦味	甘味	着色性	脱臭性	增进食欲	防腐性
辣味香辛料	辣椒		+++					++	++
	芥末		+++						++
	高良姜		+++						
	胡椒	++	+++				++	++	++
	生姜	+	+++	+			++	++	++
	大蒜	++	++				+++		++
	草果	++	++	++					
	洋葱	++	++		++		+++		++
麻味香辛料	花椒	++	+++				++	++	
着色性香辛料	红辣椒		+			+++			
	郁金	++	++			++			
	姜黄		++	++		++			

续表

种类	香辛料	风味特征					功能		
		芳香	辣味	苦味	甘味	着色性	脱臭性	增进食欲	防腐性
香和味兼有的香辛料	白芷	+++	++	++					
	白豆蔻	+++	++	++					
	小豆蔻	+++	++	++					
	多香果	+++	+	++			++		
	肉桂	+++	++		++				
	丁香	+++	++				++		
	芫荽	+++			++				+
	茴香	+++			++		++		
芳香性香辛料	八角	+++							
	百里香	++							
	山柰	++							
	洋苏叶	++		++			+++		
	月桂叶	++		+			+++		
苦味香辛料	砂仁	++		++					
	陈皮			+++		++	++		
甘味香辛料	甘草				+++				

也有按表 1-3 所示风味进行分类的，大致分为 9 种。但是，由于有些香辛料有多种风味特性，很难把它归属于某种风味。

表 1-3　香辛料的风味分类

风味特征	香辛料
辛辣和热辣	辣椒、姜、辣根、芥菜、黑胡椒、白胡椒等
辛甜风味	玉桂、丁香、肉桂等
甘草样风味	甜罗勒、茴香、龙蒿、细叶芹等
清凉风味	罗勒、牛至、薄荷、留兰香等
葱蒜类风味	洋葱、细香葱、冬葱、大蒜等
酸涩样风味	续随子等
坚果样风味	芝麻子、罂粟子等
苦味	芹菜子、葫芦巴、酒花、肉豆蔻衣、甘牛至、迷迭香、姜黄、番红花、香薄荷等
芳香样风味	众香子、鼠尾草、芫荽、莳萝、百里香等

四、按香辛料使用频率分类

根据香辛料的使用频率、使用数量和使用范围，可将香辛料分为主要香辛料和次要香辛料两类，见表1-4。

表1-4 主要香辛料和次要香辛料

类别	名称	可利用部位
主要香辛料	八角	干燥果实
	芥菜	新鲜全草和籽
	芫荽	新鲜全草或种子
	甘牛至	干叶及花
	肉桂	干燥树皮
次要香辛料	草果	干燥果实
	山柰	干燥根茎
	杜松	果实
	无花果	果实
	辛夷	花蕾

主要香辛料和次要香辛料的区分随地区、民族、国家、风俗等不同而变化很大。某种香辛料在这个地区是主要香辛料，而在另一地区就很少使用。

五、按香辛料使用形态分类

目前，我国常用的天然调味香辛料及香草可归纳为4大类，即香辛蔬菜（鲜菜料）类、干货料类、粉末类和花草类。

（一）香辛蔬菜的种类

香辛蔬菜是指具有特殊的香味、辛辣味，食用量较小，多作为调味用的蔬菜种类，主要包括葱、蒜、姜、茴香、芫荽、香芹等。香辛蔬菜是人们根据食用习惯、口味而划定的蔬菜类别，它既不同于植物分类，又不同于农业生产习惯分类。大多数香辛蔬菜具有明显的药用保健价值，是日常生活中重要的蔬菜。

根据农业生产习惯、植物学分类，香辛蔬菜可分为如下几种不同的类别。

1. 葱蒜类香辛蔬菜

葱蒜类蔬菜在植物学分类上为百合科葱属中以嫩叶、假茎、鳞茎或花薹为食用器官的二年生或多年生草本植物。该类蔬菜包括韭菜、葱、洋葱、大蒜、韭葱、细香葱、胡葱和薤。上述蔬菜均具有香、辛辣味。其中韭菜、韭葱、洋葱和薤等在人们生活中常作为大量蔬菜食用，很少作调料蔬菜。葱、大蒜、细香葱、胡葱这几类蔬菜在大多数地区是作为调味蔬菜食用，少数地区也作为大量蔬菜食用。

2. 薯芋类香辛蔬菜

姜是属于薯芋类作物的香辛蔬菜，在植物学分类上姜为姜科姜属，与其他薯芋类蔬菜并不是同科。姜具有强烈的辛辣味，基本上是作为调料食用，是标准的香辛蔬菜。

3. 叶菜类香辛蔬菜

茴香、芫荽、香芹等属于叶菜类香辛蔬菜。这 3 种蔬菜在植物学分类上均为伞形花科，分别为茴香属、芫荽属和欧芹属。这 3 种蔬菜均具有香辛味，虽然也可作大量蔬菜食用，但总体来看食用量不大，以调料蔬菜食用为主。

（二）干货类

常见干货类有花椒、八角、茴香、胡椒、丁香、陈皮、肉桂、芫荽子、干辣椒等。

（三）粉末类

主要有姜粉、花椒粉、胡椒粉、芥末粉、辣椒粉、五香粉和姜黄粉等。

（四）花草类

主要有玫瑰花、茉莉花和桂花等。

六、按生产方法分类

根据不同的生产方法，香辛料大致可分为天然和合成两种。

（一）天然香辛料

天然香辛料多是使用纯物理方法从植物的根、茎、叶、花蕾、种子中通过发酵、压榨、蒸馏、萃取和吸附等方法制作而成，其精油或浓缩物具有芳香或刺激性气味，能赋予食物不同风味，并有增进人们食欲、帮助消化吸收的功效。天然香辛料成分复杂，是由多种成分组成的混合物。

（二）合成香辛料

合成香辛料，又名人工香辛料，即通过化学合成的方法制得的香辛料。

目前我国纳入食品添加剂使用卫生标准的合成香辛料，计有醇类 84 种，酚类 16 种，醛类 67 种，酮类 44 种，酸类 35 种，酯类 161 种，内酯类 15 种，烯烃 12 种，杂环 5 种。现已应用于食品当中的合成香辛料主要有具有苦杏仁味的苯甲醛，可以在食品中产生苦杏仁和樱桃的香韵；37％的乙酸萜品酯和 34％ 的 1,8-桉树脑混合会产生小豆蔻的香气，在欧盟的名单上，它是公认的无毒无害产品；姜烯是生姜精油的主要成分，可被用于食品中的软饮料，还有麦芽酚、乙基麦芽酚、2-甲基-3-呋喃硫醇、2,5-二甲基-3-呋喃硫醇、庚酸烯丙酯等合成香辛料。

在本书中所介绍的主要为植物来源的天然香辛料。

七、按用途分类

按用途香辛料可分为食品用香辛料、酒用香辛料、烟用香辛料、药用香辛料等 4 大类。其中食品类香辛料是最主要的品种，可以细分为烘烤食品香辛料、软饮料香辛料、糖果香辛料、肉制品香辛料、奶制品香辛料、调味品香辛料、快餐食品香辛料、微波食品香辛料等。

八、按香型分类

食用香辛料的香型丰富多样，每一种食品都有自己独特的香型。因此，食用香辛料按香型可分为很多种，概括起来大概有水果香型香辛料、花香型香辛料、坚果香型香辛料、乳香型香辛料、肉香型香辛料、辛香型香辛料、蔬菜香型香辛料、酒香型香辛料、烟草香型香辛料等 22 种。

九、按香辛料的功能分类

香辛料具有多种功能，根据香辛料的功能可分为四类。

（一）赋香作用香辛料

人类最初发现香辛料的功用是赋香作用，各种香辛料都具有其独特的精油香气成分，主要是赋予食物令人愉快的香味。具有这种芳香的香辛料有多香果、八角、罗勒、月桂叶、老鼠瓜、葛缕子、小豆蔻、芹菜子、肉桂、丁香、香菜、茴香、莳萝、大蒜、姜、豆蔻皮、薄荷、肉豆蔻、洋葱、欧芹、迷迭香、鼠尾草、茵陈蒿、百里香、姜黄、香草等。

（二）矫臭作用香辛料

添加香辛料于食物上，可抑制鱼的腥味或掩饰食物令人讨厌的气味。具有此种作用的香料，有多香果、月桂叶、葛缕子、丁香、香菜子、茴香、大蒜、姜、豆蔻皮、肉豆蔻、洋葱、披萨草、胡椒、迷迭香、鼠尾草、八角、百里香等。

（三）辛味作用香辛料

香辛料的辣味，具有增进食欲的功效。此种辣味作用的香辛料，有辣椒、姜、豆蔻皮、芥菜子、肉豆蔻、洋葱、匈牙利椒、姜黄、花椒、山葵等。

（四）着色作用香辛料

利用香辛料中的天然色素作为区域性菜肴的特定着色香料或提供食品美观的颜色。具有这种着色作用的香料，有胭脂木、葛缕子、红椒、姜、芥末、匈牙利椒、紫苏、番红花、姜黄等。

十、按剂型分类

香辛料按剂型可分为水溶性香辛料、油溶性香辛料、水油溶性香辛料、膏状香辛料、乳化香辛料和粉末香辛料等6大类。

第二章

各类香辛料

第一节 麻味和辣味香辛料

一、大蒜

香辛料中主要使用的是新鲜的蒜头、脱水蒜头、大蒜精油、水溶性大蒜油树脂和脂溶性大蒜油树脂。完整的大蒜是没有气味的，只有在食用、切割、挤压或破坏其组织时才有气味。这是因为在完整大蒜中所含蒜氨酸无色、无味，但大蒜细胞中还存在有一种蒜酶，二者接触则形成有强烈辛辣气味的大蒜辣素。大蒜辣素就是大蒜特殊气味的来源。

大蒜在东西方饮食烹调中均占有相当重要的地位，相对而言，大蒜在中国、西班牙、墨西哥和意大利食品中稍多一些。大蒜头经加工成蒜粉、蒜米、蒜茸后，是制作鸡味、牛肉味、猪肉味、海鲜味、虾子味等调味料中不可缺少的主要香辛料。使用大蒜可提升菜肴的风味，用于汤料（如清汤）、卤汁（肉类、家禽类、番茄类菜肴和豆制品）、调料（用于海鲜、河产品和沙拉）、作料（酱、酱油）等。它可以掩盖各种腥味，增加特殊的蒜香风味，并使各种香味更柔和、更丰满。

二、洋葱

现在世界各地都有栽种，但各种间风味相差较大，国外葱固形物含量高而风味弱，国内品种风味强度大，固形物含量较低。新鲜洋葱一般用作蔬菜，而脱水洋葱、脱水洋葱粉、洋葱精油和油树脂则用作香辛料。

经分析，洋葱挥发性的主要香气成分有二丙基二硫醚、甲基丙基二硫醚、二甲基二硫醚、二烯丙基二硫醚、二烯丙基硫醚、三硫化物等近50种组分。

洋葱具有增鲜、去腥、加香等作用，可用于调制喼汁、柱侯酱、蚝油汁、海鲜酱汁、玫瑰酱汁、葱香汁、串烧汁、陈皮汁、咖喱汁等各种调味汁。洋葱还可以腌渍和糖制。脱水洋葱可显著提升菜肴的风味，脱水洋葱末多用于西式菜中的汤料、卤汁、番茄酱、肉类作料（如各式香肠、巴比烤肉、炸鸡、熏肉等）、蛋类菜肴作料、腌制品作料、各种调味料（酱、酱油）等。

三、芥菜

香辛料用芥菜干燥的整籽、粉碎物（即芥末）和油树脂。

芥菜子（芥子）可直接使用或捣成粉末后使用。芥子含黑芥子苷，遇水经芥子酶的作用生成挥发油，主要成分为异硫氰酸烯丙酯，有刺鼻辛辣味及刺激作用。加水时间愈久愈辣，但放置太久，香气与辣味会散失。加温水可加速酶活性，会更辣。粉状芥末也如此，变干后会失去香味，若把芥末混水做成酱，则可散发其辛辣味。

整粒芥菜子可用于腌制、熬煮肉类、浸渍酒类，还可用于调制香肠、火腿、沙拉酱、糕饼等。芥末可用于各种烹调料理中，白芥末尤其得到广泛应用，如用于牛肉、猪肉、羊肉、鱼肉、鸡肉、鸟肉、沙拉、酱料、甜点等，起去腥提味的作用。

芥菜子碾磨成粉末，粉末加工调制成糊状，即为芥辣酱，为调味香辛料。芥辣酱多用于调拌菜肴，也用于调拌凉面、色拉，或用于蘸食。风味独特，有刺激食欲的作用。

四、辣根

鲜辣根的水分含量为75%，香辛料用其新鲜的地下茎和根，切片磨糊后使用，还可加工成粉状。辣根具芥菜样火辣的新鲜气，味觉也为尖刻灼烧般的辛辣风味。辣根的主要香气成分与芥菜相似，为由黑芥子苷水解而产生的烯丙基芥子油、异芥苷、异氰酸烯丙酯、异氰酸苯乙酯、异氰酸丙酯、异氰酸酚酯、异氰酸丁酯和二硫化烯丙基等。辣根具有增香防腐作用，炼制后其味还可变浓，加醋后可以保持辛辣味。辣根是制造辣酱油、咖喱粉和鲜酱油的原料之一，常与芥菜配合带给海鲜、冷菜、沙拉等火辣的风味，常用作肉类食物的调味品和保存剂。磨成糊状的辣根可与乳酪或蛋白等调制成辣根酱。

五、花椒

花椒含有柠檬烯、香叶醇、异茴香醚、花椒油烯、水芹香烯、香草醇等挥发性物质，具有独特浓烈芳香气味，味微甜，有些药草芳香，味辛麻而持久，对舌头有刺痛感。花椒的品种很多，风味以川椒和秦椒为好。

花椒的使用形式为整粒和花椒粉、花椒精油和油树脂。

花椒主要在中国和日本、朝鲜使用，花椒的用途可居诸香料之首，具有强烈的芳香气。生花椒味麻且辣，炒熟后香味才溢出，因此是很好的调味佐料。同时也能与其他原料配制成调味品，如五香粉、花椒盐、葱椒盐等。在腌肉时可以其香气掩盖肉腥味，可少量用于各种家禽类、牛羊肉用调味料，量一定要控制好，以免过分突出影响原味。日本人常将花椒用在鱼和海鲜加工，以解鱼腥。

花椒精油和花椒油树脂可作为调味品直接供家庭和餐饮行业使用；可作为食品添加剂，主要用于需要突出麻辣风味的各类食品中，如方便面、火腿类、肉串、肉丸、海鲜制品，以及速冻、膨化、调味食品。

六、姜

姜在中国大部分地区和世界许多国家都有栽种，是中国最常用的香辛料之一。姜的使用形式有整姜、干姜粉碎物、精油和油树脂。

姜含有姜辣素、姜油酚、姜油酮、姜烯酚和姜醇等，具有独特地辛辣味。姜随产地的不同香味变化很大，中国干姜的芳香气较弱，有些辛辣特征的辛香气，味为刺激性的辣味。其他国家产的姜如印度姜有明显的柠檬味；非洲姜的辛辣味更强。姜精油为淡黄色液体，辛香味浓，具有生姜的辛辣香味，芳香、清新似樟脑味，但辣味要小一些。油树脂则与原物一般辣而又有甜味。

姜的使用面极广，几乎适合各国的烹调，尤其在中国和日本等东亚国家。姜能圆合其他香辛料的香味，能给出其他香辛料所不能的新鲜感，在加热过程中显出独特的辛辣味。新鲜或干姜粉几乎可给所有肉类调味，是必不可少的辅料，适合于炸、煎、烤、煮、炖等多种工艺。姜精油和油树脂可作为调味品直接供家庭和餐饮行业使用，用于无渣火锅底料、凉菜、汤类、蒸、炸、煎、烤及微波食品的调味剂；可作为食品添加剂，用于方便食品、速冻食品、膨化食品、焙烤食品及海鲜制品等。

七、姜黄

香辛料常用干姜黄的粉碎物和油树脂，姜黄精油使用的场合很少。

姜黄为有胡椒特征的强烈辛香气，味辣，带点儿苦。姜黄精油为淡黄或橙黄色液体，具有强烈沉重的刺激性辛香，有点儿土味，并不受人欢迎。姜黄油树脂为棕红色、黏度很大的油状物，风味与原物相像。

姜黄在东西方烹调中均有广泛应用，东南亚和印度最为偏爱。姜黄与胡椒能很好地调和，在一起使用时可增强胡椒的香气。姜黄主要用于家禽、肉类、蛋类着色和赋予风味，同样可用于贝壳类水产、土豆、饭食（如咖喱饭）、沙拉、泡茶、荠菜、布丁、汤料、酱菜等，用于多种调味料和作料的配制。姜黄精油和油树脂主要用于熟肉制品、方便食品、膨化食品、焙烤食品、食用调味料、啤酒饮料等。

八、胡椒

胡椒有白胡椒、黑胡椒和野胡椒之分。野胡椒比人们种植的胡椒粒要小，呈浅褐色。一般人认为野胡椒纯属天然，其香味更为浓烈。

商品胡椒分白胡椒和黑胡椒两种，白胡椒是成熟的果实脱去果皮的种子，色灰白，在果实变红时采收，用水浸渍数日，擦去果肉，晒干，为白胡椒；黑胡椒是未成熟而晒干的果实，果皮皱而黑，在秋末或次春果实呈暗绿色时就采收，晒干，为黑胡椒。

黑胡椒具有较明显的丁香样香气，味觉粗冲火辣，主要作用在唇、舌和嘴的前部。与黑胡椒相比，白胡椒的辛辣香气要弱些，香味更精致和谐。胡椒含精油1%～3%，主要成分为α-蒎烯、β-蒎烯及胡椒醛等，所含辛辣味成分主要系胡椒碱和胡椒脂碱等。

胡椒有粉状、碎粒状和整粒三种形式，依各地区人们的习惯而定。一般在肉类、汤类、鱼类及腌渍类等食品的调味和防腐中，都用整粒胡椒。在蛋类、沙拉、肉类、汤类的调味汁和蔬菜上用粉状多。粉状胡椒的辛香气味易挥发掉，因此，保存时间不宜太长。胡椒在肉制品中使用非常广泛，烤肉串、煲汤、热炒、腌腊酱卤、香肠火腿、炸鸡等都是不可缺少的香辛料。胡椒一般用量为0.1%～0.3%。美国食用香料制造者协会（FEMA）的最高参考用量，在肉制品中白胡椒0.06%，黑胡椒0.17%。烤肉串时，将胡椒、孜然、辣椒等混合后撒在肉串的表面，煲汤、热炒是直接加入，腌腊酱卤、炸鸡一般在拌料时加入。

九、荜拨

荜拨味辛辣，有特异香气，是烹调肉类菜肴的佐料。在烹调中与白芷、豆蔻、砂仁等香辛料配合使用，去除动物性原料中的腥膻异味。特别是用于酱卤食品，可除异味，增添香味，增加食欲。

十、辣椒

辣椒的果实因果皮含有辣椒素而有辣味，能增进食欲。辣椒可以鲜用，但香辛料主要用干整椒、辣椒粉和辣椒油树脂。

辣椒的挥发油含量极小，但气息仍很强烈，初为宜人的胡椒样辛辣香气，以后为尖到刺激性辛辣；具强烈并累积性和笼罩性的灼烧般辣味，辣味持久留长，主要作用在舌后部及喉咙口。辣椒油树脂依据原料不同，可为红色至深红色稍黏稠液体，风味与原物相同。使用辣椒油树脂时要十分小心，它会对皮肤和眼睛产生刺激性伤害。

辣椒主要用于制作各种辣酱、辣酱油、汤料、咖喱粉、辣酱粉、腌制作料等，辣椒是意大利风味香肠、墨西哥风味香肠中的必用作料。

第二节 芳香、苦香、甘香、酸香类香辛料

一、八角

八角别名大茴香、八角茴香，果实和叶均含挥发油，并带甜味。油中主要成分为大茴香脑、黄樟油素、大茴香醛、茴香酮。香辛料采用的是八角干燥的种子，所用形态有整八角、八角粉和八角精油。应注意的是，八角由种子和籽荚组成，种子的风味和香气的丰满程度要比籽荚差。八角的特殊香气浓郁而强烈，滋味辛、甜。

八角精油为无色至淡黄色液体，香味与原香料区别不大，也为甜浓的茴香香味。没有八角油树脂这种产品。

八角主要用于调配作料，如它是中国有名的五香粉的主要成分之一，这些作料中有肉食品的作料（如牛肉、猪肉和家禽）、蛋和豆制品的作料、腌制品作料、汤料、酒用风味料、牙膏和口香糖风味料等。八角茴香油，用于制造甜香酒、啤酒等食品工业，也是制牙膏、香皂、香水、化妆品的香料。八角的果实与种子除可作调料，还可入药，有驱虫、温中理气、健胃止呕、祛寒、兴奋神经等功效。

八角的同科同属不同种植物的果实统称为假八角。假八角含有

毒物质，食用后会引起中毒。常见的假八角有红茴香、地枫皮和大八角。

二、五味子

五味子皮肉甘酸，核中辛苦，有咸味，辛甘酸苦咸五味皆备，故有此名。

五味子果实含挥发油约0.89%。五味子精油为橙黄色透明油状液体，气清香。油中主要含多种倍半萜烯，占挥发油含量60%左右，含亚油酸10%以上。另外含β-没药烯、β-花柏烯及α-衣兰烯等，均为有效成分。提取物中主要含五味子甲素、五味子乙素等。

五味子的皮和果实有强烈香气，可作调味用。可用于酱、卤、炖、烧肉类原料。也可供酿酒用，果实多汁，酸而涩。根和种子可作药，有兴奋作用。秋季红果累累，可供庭园观赏。

三、茴香

茴香别名小茴香，可以晒干的整粒、干粒粉碎物、精油和油树脂的形态使用。

茴香含茴香醚、α-茴香酮、甲基胡椒酚、茴香醛等，有些许樟脑样香韵；其味更类似于甘草的甜，并有点儿苦的后味。茴香油树脂为棕至绿色液体，香味与精油类似。

茴香是世界上应用最广泛的香辛料之一，是烧鱼炖肉、制作卤制食品时的必用之品。消耗茴香最多的国家是英国和印度。茴香的种子是调味品，而它的茎叶部分也具有香气，可炒吃、凉拌、包包子、包饺子，自有一股清香的味道。在西菜制作中，茴香的嫩茎叶可作调味蔬菜，多切碎后撒在沙拉、热菜或汤的表面，用以提味、增香、点缀，但通常不单独成菜。茴香（茴香籽）可用于汤料（英国和波兰风格的肉汤料）、烘烤作料（印度的烤鸭、烤鸡、烤猪肉）、海鲜作料、腌制作料、调味料（番茄酱）、肉用作料（西式肉丸、意大利红肠）、沙拉调味料（包菜、芹菜、黄瓜、洋葱、土豆等）、面包风味料（德国式面包）、饮料和酒风味料（法国酒）等。

四、枯茗

枯茗别名孜然、安息茴香，作为食品香辛料已有1500多年历史，是一种十分受欢迎的调味料，应用形态包括干燥的整籽、籽粉碎物、精油和油树脂。枯茗籽主要成分含精油2%～4%，其中有小茴香醛（35%～63%）、二氢小茴香醛、小茴香醇、百里香酚等。

枯茗子为传统食用香料，主要用于调味、提取香料等，气味芳香而浓烈。多用于肉类加工调料，是烧、烤食品必用的上等佐料，口感风味极为独特，富有油性。用孜然加工牛羊肉，可以去腥解腻，并能令其肉质更加鲜美芳香，增加人的食欲。或用于调味食品中，如腌渍食品、沙司、甜点。

枯茗特适合阿拉伯地区、印度和东南亚等地区的烹调，是埃及、印度和土耳其咖喱粉必不可少的组成成分，在许多墨西哥菜肴中也常使用。在淀粉类食品中也有很好的使用效果；可用于制作一些特色调料，如印度的芒果酱和酸辣酱等。

枯茗精油为淡黄色或棕色液体，强烈沉重的带脂肪气的特有辛香，有些硫化物或氨气样气息，也带咖喱粉样香气，香气扩散力强而持久，其味感与枯茗子相同。枯茗油树脂为黄绿色油状物。枯茗精油用于调配酒类。

五、莳萝

香辛料用其干燥的种子、籽粉碎物、精油和油树脂。

莳萝茎叶及果实有茴香味，尤以果实较浓。嫩茎叶供作蔬菜食用，可炒食或作调味品，也可切碎置于肉汤或蛋汤中，增加香味。叶和种子具香味，用于泡菜，可延长泡菜的保质期。莳萝果实可提芳香油，含挥发油2.8%～4%，油中主要成分是香芹酮，为调和香精的原料。干燥植株作香辛料，具有强烈的似茴香气味，但味较清香、温和，无刺激感。

莳萝子的香气与葛缕子相似，为强烈的甜辛香；味道也与葛缕子相仿，稍有刺舌的辛辣感。需注意莳萝子精油与莳萝草制取的精油之间的区别。莳萝子精油为黄色液体，具有强烈的葛缕子似的新鲜甜辛香，稍带果和药草样香气。莳萝草精油的草香气明显，有薄荷样后味。莳萝子油树脂为淡琥珀色至绿色油状物，风味与原物相同。

莳萝子主要用于西式烹调，以美国为最。除印度外，东方国家几乎很少用到。莳萝子大部分用于食品腌渍，如作为腌制青豆、黄瓜、泡菜和肉类香肠类的作料；可制作沙拉用调料、蛋黄酱、鱼用酱油、海鲜酱油等；可作糕点饼干的香辛料添加物。叶经磨细后，加进汤、凉拌菜、沙拉中，有提高食物风味，增进食欲的作用。欧洲地区将莳萝粉撒在三明治或奶酪上以赋予色泽，莳萝子也是配制咖喱粉的主料之一。莳萝子精油可用于烘烤食品、腌制品、冰激凌、果冻、软饮料等。

莳萝子与小茴香外形极相似，甘肃、广西等部分地区有以莳萝子作茴香使用者。但二者不宜混淆，其主要不同点为，莳萝子较小而圆，分果呈广椭圆形，扁平；横切面背面四边不等长，两侧延展成翅状。气味较弱。气味虽与小茴香相似，但味较辛，性较烈。另一种毒芹的种子与莳萝子、小茴香易混淆，必须注意区别。

六、葛缕子

香辛料用其干燥的整种子、种子粉碎物、精油和油树脂。葛缕子的风味随产地的不同而有变化，风味最好的要数荷兰产葛缕子，荷兰的葛缕子也有区别，荷兰北部的比南部的好。葛缕子香气为很特别的清新的甜辛香，似有一丝薄荷般清凉气，有些像茴香一样的持久的药味；口味有些涩和肥皂样味，有苦的后味。葛缕子粉末为黄棕色。葛缕子精油为黄色液体，具有强烈和独特的甜辛香，有点像胡椒味。葛缕子油树脂为黄绿色油状物。

葛缕子为欧洲常用的烹调香料，在印度、东南亚也有相当的应用，在中国和日本用得不多。一般而言，葛缕子可减轻重味荤食品如猪内脏、猪排骨、羊、鹅等的肉腥味，德国熟食店将其用于酱肉、香肠、牛排、熏鱼等，给予特别味美的风味，澳大利亚牛排中也常使用葛缕子。除用于肉类的调制外，也用于泡菜、调制杜松子酒和烘焙糕点。葛缕子精油可用于酒和软饮料，如德国甜酒“Kummel”中就有葛缕子明显独特的风味。

七、白芷

白芷以独枝、皮细、外表土黄色、坚硬、光滑、香气浓香者为佳。

白芷含挥发油0.24%、香豆素及其衍生物，如当归素、白当归醚、欧前胡乙素、白芷毒素等。

白芷气味芳香，有除腥去膻的功能，多用于肉制品加工，是传统酱卤制品中的常用香料。山东菏泽地区熬羊汤习惯有浓烈的白芷味。在制作扒鸡、烧鸡等名特产品中少量使用，在一般饮食中很少用于调味。

八、芫荽

芫荽别名香菜。芫荽的嫩茎和鲜叶有种特殊的香味，常被用作菜肴的点缀、提味之品，是人们喜欢食用的佳蔬之一。芫荽叶不仅可生食，还经常被放在食物或酱汁上做除腥提味的香料。芫荽味道温和酸甜，微含辛辣，近似橙皮的味道，并略含木质清香，以及胡椒的风味。芫荽的茎、根、叶用炒等方法加热后，好像有柑橘的香味，但比之加热前，香味已严重流失。

香辛料中用的主要是干燥的芫荽子、芫荽子末、精油和油树脂。芫荽的风味成分受品种、种植地区环境等因素影响很大，现一般认为，欧亚交接地区的芫荽风味较好。

芫荽子有强烈的甜辛香气，略带果和膏香气，香气芬芳宜人；口味似是葛缕子、枯茗、鼠尾草和柠檬皮的混合物，有类似玫瑰和果香的后味。芫荽子精油，为淡黄色液体，具扩散性强的清甜辛香，并具花、果等的辅香韵，口味除主要的甜辛香外，有些风辣感。芫荽子为棕黄色液体，风味与原物相似。

芫荽子特别适合于东方烹调，首推是印度，其次是中国，西方国家也有相当程度的应用。芫荽子是印度咖喱的原料之一，可以说是万能香料。墨西哥菜中也常用到它。芫荽子末可用于肉制品的调味料，与其他香辛料配合效果更好，波兰式的香肠加入重料芫荽成为特色。芫荽子还可用于沙拉的调味料、汤料、烘烤面食风味料如饼干、甜点、面包等。芫荽子精油主要用于软饮料、糖果点心、口香糖和冰激凌的风味料。

九、欧芹

香辛料主要用干燥欧芹叶的碎片、欧芹精油、欧芹叶油树脂。欧芹叶为清新芬芳的欧芹特征辛香气，口感宜人，略带些青叶子味。欧芹精油现有两个品种，应把它们区分开来，一是欧芹子油，另一是欧芹叶油，此欧芹叶油取自除根以外的欧芹全草，包括开花部分。欧芹叶油树脂为深绿色半黏稠状液体，风味十分接近原植物。欧芹叶主要用于西式烹调，中国人喜欢用芫荽叶给菜肴以色泽，而西方人则用欧芹叶代替。在西式饮食中，欧芹叶给几乎所有的菜肴赋予色泽和风味，如沙拉、蛋卷、清汤、肉食、水产品、海鲜、蔬菜（如土豆）等；用于制作调味料，如西方特有的欧芹酱、以欧芹为特色的卤汁等。欧芹精油主要用于软饮料。

十、香芹

香辛料主要用干燥香芹叶的碎片、香芹精油、香芹叶油树脂、干燥的香芹种子、香芹子末、香芹子精油和油树脂。

香芹全草及果实均含有松子和薄荷的混合香气，并略有柠檬香气；味微苦，因其含有芳香性挥发油而出名，挥发油的主要成分为 *d*-藏茴香酮、*d*-苎烯、二氢藏茴香酮、二氢藏茴香醇等。

香芹色泽翠绿，形状美观，香味浓郁，其食用部位为嫩叶和嫩茎，质地脆嫩，芳香爽口，可生食或用肉类煮食，也可作为菜肴的干香调料或做羹汤及其他蔬菜食品的调味品。在西餐烹饪中，香芹的白色肉质直根可做西菜的配料，如制作沙拉时添加，增添芹菜风味。香芹的叶片大多用作香辛调味用，作沙拉配菜、水果和果菜沙拉的装饰及调香。嫩叶常用于冷热菜中，起增香、配色、装饰的作用。香芹叶可除口臭，如吃葱蒜后，咀嚼一点香芹叶，可消除口齿中的异味。

香芹子在西方烹调中的使用要多于东方烹调。在欧洲，香芹子粉用于汤、汁等的调味，如番茄汁、蔬菜汁、牛肉卤汁、清肉汤、豌豆汤、鱼汤、鸡汤或火鸡汤等；肉用调料，如制作德式和意式香肠、肝肠和腊肠；腌制用和泡菜调料；沙拉用调味料，特适合以白菜、萝卜、卷心菜为主料的沙拉；烘烤饼类的风味料，如荷兰式面包和意大利的比萨饼等。香芹子精油多用于软饮料、糖果点心、口香糖、冰激凌等食品，如香芹子精油是德国著名的“香芹白酒”的主要增香剂。

十一、豆蔻

豆蔻别名白豆蔻，含桉油精、*d*-龙脑、*β*-蒎烯、*α*-松油醇等。气味苦香，味道辛凉微苦，烹调中可去异味、增辛香，常用于卤水以及火锅等。

豆蔻是印度一种十分著名的食品香辛料。在欧洲和美国，豆蔻被广泛地用作食品工业的防腐剂和香料。北欧国家的人在喝咖啡时，所吃糕饼的主要配料就是豆蔻。在烹饪中，豆蔻多用于动物性原料的矫味、赋香，并有防腐杀菌的作用。豆蔻有一定苦味，但对于调节人体神经和内分泌都有一定作用。豆蔻是制作一些风味特色菜肴时所必不可少的配料，例如在酱卤猪、牛、羊肉类及烧鸡、酱鸭时，常用豆蔻作为组合香料之一。豆蔻有时也单独用于一些烧、煮、烩等的菜肴，但较为少见。豆蔻用于烹调可增强口味，使菜肴产生出特殊的香鲜滋味。

十二、草豆蔻

草豆蔻含挥发油，油中含桉油精、*α*-蛇麻烯、反-麝子油醇等，并含豆蔻素、山姜素和皂苷。

草豆蔻具有去除膻味、怪味，增加菜肴特殊香味的作用。草豆蔻辛辣芳香，性质温和，可与花椒、八角和肉桂等配合使用，作为食品调味剂，可去除鱼、肉等食品的异味。在烹饪中可与豆蔻同用或代用。草豆蔻用时须研碎成粉末状，待主料加热后加入。

十三、草果

草果具有特殊浓郁的辛辣香味，能去腥除膻，增进食欲，是烹调佐料中的佳品，被人们誉为食品调味中的“五香之一”。用于烹调，能增进菜肴味道，特别是烹制鱼、肉时，有了草果其味更佳；炖煮牛羊肉时，放点草果，既清香可口，又驱避膻臭。草果是配制五香粉、咖喱粉等的香料，是食品、香料、制药工业的原料。全果除作食品调料外，还可入药，味辛性温，具有温中、健胃、消食、顺气的功能，主治心腹疼痛、脘腹胀痛、恶心呕吐、咳嗽痰多等。

十四、小豆蔻

小豆蔻是世界上最昂贵的香辛料之一，仅次于番红花。香辛料用的是它干燥的整粒种子、粉末、精油和油树脂。小豆蔻的粉末必须在粉碎后立即使用，不能久置，因为粉碎后小豆蔻的香气挥发得很快。

小豆蔻的香气特异、芬芳，有甜的辛辣气，有些许樟脑样清凉气息；其辣味较显。小豆蔻精油是无色、淡黄色或淡棕色液体，穿透性很强的甜辛香，有桉叶素、樟脑、柠檬样的药凉气，与空气接触久以后，则产生显著的霉样杂气；有甜、凉、辛辣或火辣的口味。小豆蔻油树脂为暗绿色液体，香味与其精油相仿。

小豆蔻是印度人最喜爱的香辛料，在西方国家小豆蔻的应用面相对较小。小豆蔻与白豆蔻、爪哇白豆蔻同作调味料，用于肉类、禽类及鱼类食品的调制，亦为“咖喱粉”的原料之一。小豆蔻也可用于奶制品（如甜奶油）、蔬菜类调味品（土豆、南瓜、萝卜等）、饮料调味品（如印度咖啡、柠檬汁）、面食品风味料（如丹麦面卷、意大利比萨饼、苏格兰式甜饼等）和汤料等。小豆蔻精油则用于腌制品、口香糖、酒类饮料、药用糖浆和化妆品香精。小豆蔻的香气非常强烈，使用时要小心。小豆蔻精油的挥发性虽然很大，但耐热性却较好。

十五、肉豆蔻

肉豆蔻别名肉蔻。香辛料用肉豆蔻干燥的果实、粉碎物、精油和油树脂。肉豆蔻有若干亚种，这些亚种是否与惯用的肉豆蔻性能相似还不得而知。肉豆蔻具强烈的甜辛香，香气浓厚又极飘逸，有微弱的樟脑似的气息；其味为强烈和浓厚的辛香味，有辛辣、苦和油脂的口味，有一点儿萜类物质样的味感。

肉豆蔻精油为黄色或淡黄色液体，为强烈和浓重的甜辛香，有些许桉叶和樟脑样气息，与原植物相比，香气飘逸，但显得粗糙些。肉豆蔻油树脂为淡黄色半固体物。需注意的是，肉豆蔻精油中含有相当高比例的肉豆蔻醚，有报道称，该物质对人体有害，如食用过多，使人有昏睡感，应控制用量。而肉豆蔻衣中肉豆蔻醚的含量就低得多。

肉豆蔻是东西方烹调都能接受的香辛料，只有日本人用得较少，总体而言，西式饮食中的用量要稍多一些。肉豆蔻经常用于带甜辛香的面粉类食品中，如面包、蛋糕、烤饼等，用于巧克力食品、奶油食品和冰激凌（加入香荚兰类增香剂的）可给出奇妙的香味。可用于各种形式调味料，如酱、汁、卤等。肉豆蔻精油主要用于软饮料、酒类、糖果、口香糖等。

十六、肉豆蔻衣

肉豆蔻衣是肉豆蔻果实外的假种皮，世界许多地方都将肉豆蔻衣和肉豆蔻分别处理和使用的，因此在此列出专条予以介绍。

香辛料用其整干燥物、粉碎物、精油或油树脂。肉豆蔻衣有比肉豆蔻更甜美、更丰满和辛香特征更强的辛香味，并带少许果香，国外有人将它作为辛香气的代表。肉豆蔻衣精油为强烈甜辛香，稍带果香和油脂香，头香有点儿松油样萜的气息，具油脂样果香底韵；肉豆蔻衣油树脂为柔和浓重的甜辛香味，味有点儿苦和辣，并有持久的辛香后味。

需注意的是，市场上有售的肉豆蔻衣精油主要来源于印度或印度尼西亚肉豆蔻衣，为黄色液体；肉豆蔻衣油树脂主要来源于西半球，为橙红色液体。

肉豆蔻衣是印度人最喜欢的香辛料，西方国家除英国外对肉豆蔻衣的应用面比东亚地区广得多。肉豆蔻衣可用于所有肉豆蔻可使用的场合，由于香味更强烈，所以用量要比肉豆蔻少 20%。肉豆蔻衣和肉豆蔻常用来烹饪甜味食物，用作烘烤类食品的风味料，如蛋糕、水果饼、炸面包、馅饼、布丁和饼干等。用作多种肉类制品调料、腌制肉类或泡菜类作料。肉豆蔻衣精油或油树脂用于冰激凌、口香糖、软饮料、酒和糖果等。

十七、月桂叶

月桂叶，又名桂叶、香桂叶、香叶。

香辛料用月桂叶为浅黄色至褐色的叶片。中国月桂叶的香气与西印度群岛月桂叶相似，和地中海月桂叶比较，有较显著的酚样气息。香辛料使用其干燥的叶、干叶粉碎物、月桂叶精油或月桂叶油树脂。

月桂叶有浓郁的甜辛香气，杂有很微妙的柠檬和丁香样气息；起初味道不是很强，几分钟后味感会越来越强烈，香味甜辛优美，有点儿苦的后感。月桂叶精油为深棕色液体，具有强烈的、清新的、穿透性的辛甜香气，略带些桉叶油样的樟脑气；风味柔和、甜辛，有点儿药样和胡椒样味道，香味持久，后感微苦。月桂叶油树脂为暗绿色的极其黏稠状产品，香气和风味与精油类似。

月桂叶广泛用于西式饮食，普遍用于法国和意大利，其次为德国、英国和美国。月桂叶在东方的应用不广。月桂叶或月桂叶精油用作法国和意大利烤肉串、烧烤全牲的作料，以赋予精美的风味；月桂叶有浓浓的香味，适合于烹调肉类，可去除肉腥。法式的小牛肉、羊肉、肉丸、红肠、鱼、家禽或野味，无论烧、熬或炖，使用月桂叶可以赋予其独特的传统风格。也可用于调料（番茄酱、番茄汤、面酱、酱油）或作料（腌制肉类、腌制家禽、非酒饮料、洋葱菜或南瓜菜等）。但是因为它的味道很重，所以也不能加太多，否则会盖住食物的原味。以磨成粉末的月桂叶来说，一般家庭煮肉时，一大锅也只需要用小指甲挑一点点的分量就够了。如果是用在酱料的调制，选小一点的叶子就可以了。

十八、肉桂

肉桂类植物由于皮、花萼、种子、枝和叶含有大量的芳香油成分，长期被人们用作食用香料或中药，因此，肉桂类植物具有重要的应用价值，是热带和亚热带地区重要的经济树种之一。肉桂树皮叫桂皮，嫩枝叫桂枝，小片桂皮、桂枝叫桂碎，树叶叫桂叶，其中最主要的部分是桂皮。现在所称“肉桂”实际上是肉桂类植物的干燥树皮。桂皮可供药用或做香料，肉桂用于调料入肴，又可用于咖啡、红茶、泡菜等调香，是调制五香粉的重要配料之一，又是十三香、咖喱粉、卤料等复合香辛料的主料之一。在我国不同的地区人们还称桂皮为肉桂、大桂、紫桂、玉桂、阴香等。

十九、牛至

香辛料用牛至干燥的地上部分（包括茎、叶和花）、其粉碎物、精油和油树脂。牛至的香气成分随产地有很大不同，有的牛至以百里香酚为主要成分，有的则以香芹酚为主要成分，烹调主要采用西班牙品种，它的主要成分是百里香酚和蒎烯。

牛至为强烈的芳辛香气，稍有樟脑气息，味感辛辣，有点儿苦，但此苦又似可转化为宜人的甜味。牛至精油为淡黄色液体，清新爽洁的甜辛香气，带点儿花香，有桉叶样清凉后韵，香气持久；味感为强烈的辛香味，稍有涩和苦味，同原植物一样，此苦可以演变为甜味。油树脂为暗棕色、半固体状黏稠的物质。

牛至适用于西方饮食，特别是意大利、中美洲和拉美国家。广泛用于各种肉类调料、炸鸡、汤料、卤汁、番茄酱、熟食酱油等调味料。牛至鲜叶用于沙拉、汤、饭，能增加饭菜的香味，促进食欲，用鲜叶或干粉烤制香肠、家禽、牛羊肉，风味尤佳。粉碎了的牛至叶不宜久放，应用前及时粉碎。

二十、甘牛至

香辛料使用甘牛至干燥的植物上端的叶、茎和花部位，作香辛料的话，花的比例要小一些。此干叶和花可直接用，也可粉碎后用，或制作精油和油树脂后使用。甘牛至香气成分随产地有很大的不同，味感为有点儿尖锐的强烈芬芳香味，略含些许苦和樟脑味。甘牛至精油为黄色或黄绿色液体，用水蒸气蒸馏所得产率很低，小于0.1%，具有强烈辛香，有花香气，穿透性好，有薰衣草油的香气的感觉；精油的味道为辛香味，有芳草的感觉，后感有一点儿苦。甘牛至油树脂为暗绿色半固体状物质，风味与其精油相仿。

甘牛至主要用于西式烹调（以英国、德国和意大利为主），东方饮食中罕用。用于英国式的肉类卤汁（特适合于小羊肉和羊肉、小牛肉和牛肉、鹅、鸭、野禽、蛋等）、西班牙风格的汤料、意大利和希腊与法国的河海产品作料（鱼、牡蛎等）、西式蔬菜作料（青豆、豌豆、茄子、胡萝卜、南瓜、菠菜、番茄、蘑菇、卷心菜、花菜等）。像意大利比萨饼这类重用香辛料的面食，则将粉碎了的甘牛至直接撒在饼面上。甘牛至精油用于肉食调味料（如德国酱油、墨西哥的辣椒粉等）、酒类风味添加剂（如苦艾酒）等。甘牛至的香气很强烈，应注意加入的量，千万不要用过量。

二十一、百里香

百里香植株含有高量的芳香油，香气温馨宜人，作为调味品可使食物香气四溢，在西方国家应用广泛。香辛料所用百里香是其整干叶、粉碎的干叶、百里香精油和油树脂。

新鲜的百里香为辛辣的有薄荷气息的药草香，但其干叶则为强烈的药草样辛香气，与鼠尾草类似，为些许刺激性辛辣香味，味感多韵丰富，很有回味。百里香精油为淡黄色至红色液体，具强烈药草香和辛香，干了以后是甜的酚样气息和微弱药草香。百里香油树脂为暗绿色或暗棕色有些黏稠的半固体状物质，香味更强烈，辛辣味更强和尖刻，也兼有药草等多种风味。

在西方，尤其是法国和意大利，百里香是一种家喻户晓的香草。人们常用它的茎叶进行烹调。做饭时放少许百里香粉末，饮酒时在酒里加几滴百里香汁液，能使饭味、酒味清香馥郁。百里香的天然防腐作用还使其成为肉酱、香肠、焖肉和泡菜的绿色无害的香料添加剂，罗马人制作的奶酪和酒也都用它作调味料。百里香精油除外用于上述场合外，也用于软饮料和酒。百里香香味强烈，使用时要小心。

二十二、薄荷

薄荷是世界三大香料之一，号称“亚洲之香”，广泛应用于医药、化工、食品等领域，世界年消费量在万吨以上，且以每年5%～10%的速度增长。

香辛料可用薄荷的鲜叶、干叶和精油。将采摘下的新鲜茎叶，切成小段后，于通风处晒干。干燥后呈黄褐色带紫或绿色。气香，味辛凉。以身干、无根、叶多、色绿、气味浓者为佳。薄荷叶为甜凉的薄荷特征香气，味觉为薄荷样凉味，极微的辛辣感，后味转为甜的薄荷样凉（黑种薄荷的凉感比白种薄荷更明显和持久，辛辣味也强一些）。薄荷精油为清新、强烈的薄荷特征香气，口感中薄荷样凉味为主（黑种薄荷稍有些甜和膏样后味）。

薄荷新鲜叶含挥发油0.8%～1%，干基叶含1.3%～2%。油中主要成分为薄荷醇，含量约77%～78%，其次为薄荷酮，含量为8%～12%，还含有乙酸薄荷酯等。

薄荷是食品烹饪调料，在中西式复合调味料中常有应用。薄荷在英国和美国较为多见，适合于西餐中的甜点，印度也是在烹调中喜欢添加薄荷的国家，其他地区则很少用。传统上，整鲜薄荷叶可给水果拼盘和饮料增色，粉碎的鲜薄荷常用于威士忌、白兰地、汽水、果冻、冰果子露等，也可用于自制的醋或酱油等调味料。薄荷精油用于口香糖、糖果、牙膏、烟草、冰激凌等。薄荷味辛芳香，有调味、疏风、散热、避秽、解毒等作用。薄荷含有特殊的浓烈的清凉香味，除了凉拌食用可以解热外，还有除腥去膻作用，是食用牛羊肉时必备的清凉调料。

二十三、留兰香

香辛料使用留兰香新鲜的青叶和精油。以风味而言，英国的留兰香最好，而美国的留兰香产量最大。新鲜留兰香叶为清新锐利的留兰香特征香气，稍有柔甜、薄荷和膏香气，口感为令人愉快的弱辛辣味，有些许青叶味、甜味和薄荷凉味。

留兰香多用于西方饮食，如粉碎的新鲜留兰香叶同薄荷一样能给鸡尾酒、威士忌、汽水、冰茶、果子冻等赋予色泽和风味，少量用于沙拉、汤料和肉用调料。留兰香精油的风味与原植物相似，用于糖果、口香糖、牙膏、酒类、软饮料等。

二十四、风轮菜

香辛料用风轮菜上部的干燥叶（上部收割连花带叶的主要用于提取精油作香精用，单是青叶部分的用作香辛料）及其粉碎物、精油和油树脂。风轮菜叶为芬芳的清香辛香气，有酚样杀菌剂似的气息；味感为辛香味，有胡椒似的辛辣味，是胡椒的较好的代用品。风轮菜挥发油中含有石竹烯、柠檬烯、香芹醇等。风轮菜精油是黄至暗棕色液体，似百里香和甘牛至的辛香香气，味感与原植物相似。

风轮菜叶常被拿来作为意大利香肠或烹调鱼肉、鸡肉的香料，香味特殊，花有收敛和杀菌作用，常被用于漱口水及油性皮肤的护肤。风轮菜在德国又名“辣椒草”，有辛辣的味道，能够增进食欲。在烹调上的用途很广，常用来搭配肉类、蔬菜、豆类等食物，或是加上醋和油做成调味料。用叶子冲泡的茶很像迷迭香，带有刺鼻的辛辣香味，有帮助消化的作用，适合在饭后或因食太多而导致肠胃衰弱时饮用，另外也能防止肚子鼓胀。

夏风轮菜主要用于西式烹调，法国一带用得较普通。使用时要小心，些微的风轮菜就足以提升任何菜肴的风味，用于小牛肉、猪肉、煮烤鱼等菜肴，适合作沙拉。夏风轮菜精油用于苦啤酒、苦艾酒等酒类，极小量用于汤料。

二十五、罗勒

罗勒又名兰香九层塔，是一个庞大的家族。目前已上市的品种有甜罗勒、圣罗勒、紫罗勒、绿罗勒、密生罗勒、矮生紫罗勒、柠檬罗勒等。

罗勒称作调味品之王。在日本，它和紫苏都作为香味蔬菜在料理中使用，植物体可提取精油，也可作为药用植物。罗勒的幼茎叶有香气，作为芳香蔬菜在沙拉和肉的料理中使用。新鲜的叶片和干叶用来调味，嫩茎叶可以用来做凉菜，也可炒食、作汤，沾面糊后油炸至酥后食用，或作调味料。如用叶片洗净切丝，放于凉拌番茄上调味，又红又绿，令人胃口大增。也可将罗勒嫩茎叶切碎后拌上姜末、油盐作馅。在国外烹调鸡、鸭、鱼、肉等菜肴时，罗勒粉是不可缺少的调味料。罗勒精油可用于软饮料、冰激凌、糖果，干叶或粉可用于烘烤食品及肉类制品的加香调味。酊剂在甜酒中用作香味修饰剂。要注意罗勒油品种多，香气各异，要将真正甜罗勒区别于肉桂罗勒和丁香罗勒，再在酱油、调味品、醋、罐头肉类和烘烤食品以及香精中使用。

二十六、迷迭香

香辛料用迷迭香干燥的叶子、叶的精油和油树脂。迷迭香的香气成分随产地有较大的不同，一般而言，法国产的迷迭香香气质量最好，主要的香气成分龙脑的含量在16%～20%，桉叶油素的含量为27%～30%，这两个成分的含量也是判断其优劣的标准。

迷迭香新粉碎的干叶为宜人的桉叶样清新香气，并有凉凉的和樟脑似的香韵，有点儿辛辣和涩感的强烈芳香药草味，有些许苦和樟脑样的后味。花和嫩枝可提取芳香油。迷迭香精油为淡黄色液体，油树脂为棕绿色半固体状物质，迷迭香精油和油树脂的风味与原植物相似。迷迭香油，是调配空气清新剂、香水、香皂等化妆品的原料，还具有驱虫驱蚊效果。迷迭香经蒸馏后的残渣提取的防腐剂是油炸食品、肉类加工食品等的最好的天然防腐剂。

迷迭香特适于西式烹调，西方人认为它是最芳香和受欢迎的香辛料之一，尤其以法国和意大利用得最多，东方人很少用。迷迭香香气强烈，使用少量就足以提升食品的香味。烹饪用迷迭香，可以使用迷迭香鲜叶或干叶。可用于西方的大多数蔬菜，如豌豆、青豆、龙须菜、花菜、土豆、茄子、南瓜等，能给海贝、金枪鱼、煎鸡、炒蛋、巴比烤肉、沙拉等增味。迷迭香萃取物可用于烘烤食品、糖果、软饮料和调味品。

二十七、鼠尾草

香辛料用鼠尾草的干整叶、叶粉碎物、精油和油树脂。鼠尾草干燥后的气味浓厚，风味成分随产地的不同变化极大。鼠尾草以巴尔干半岛产的最好，主要香气成分是侧柏酮（40%～60%）、桉叶油素（15%）和龙脑（16%）。

鼠尾草叶为强烈芬芳的药草样辛香，有独特的膏香后韵，味苦且涩，辛香风味。鼠尾草多用于西式烹调，亚洲地区用得极少。一般常被用于煮汤类或味道浓烈的肉类食物，加入少许可缓和味道，掺入沙拉中享用，更能发挥养颜美容的功效。鼠尾草在以肉为原料的香肠中能起很好的风味作用，可用于烘烤面食、卤汁、汤料、奶酪、辣味料和多种作料。

鼠尾草精油是由它的叶、花、花芽提取出来，为无色或淡黄色液体，以桉叶样的药草味占主导的甜辛香味，有些桉叶样凉气，后为强烈的甜辛香，稍有药草和樟脑气息，香气持久，油树脂为棕绿色黏度很大的物质。鼠尾草精油用于口香糖、果糖和软饮料。

二十八、紫苏

紫苏在我国种植应用约有近2000年的历史，主要用于药用、香料、食用等方面，其叶（苏叶）、梗（苏梗）、果（苏子）均可入药，嫩叶可生食、作汤，茎叶可腌渍。近些年来，紫苏因其特有的活性物质及营养成分，成为一种备受世界关注的多用途植物，经济价值很高。俄罗斯、日本、韩国、美国、加拿大等国对紫苏属植物进行了大量的商业性栽种，开发出了食用油、药品、腌渍品、化妆品等几十种紫苏产品。

二十九、藿香

藿香含挥发油，油中主要为甲基胡椒酚、柠檬烯、α-蒎烯和β-蒎烯、对伞花烃、芳樟醇、1-丁香烯等。藿香多用作配菜和炖菜调味，如作为川味火锅的底料，用于炖鱼等。闻名于北方的炖“庆岭活鱼”，其主要调味品即为藿香。

藿香精油，呈黏稠状，棕黄或棕绿色、深褐色至黄色。具有温热、陈腐略有辛辣味及强烈的刺鼻味。

三十、芝麻

香辛料用芝麻是其干燥的种子和经烘烤后的产品。芝麻没有挥发油，所以没有精油这一产品形式。芝麻原物的香气极为微弱，但经烘烤后产生非常精致的芝麻特征香气，属于烘烤坚果类如杏仁样香气，口味也与此相同，为令人喜欢的坚果类样风味。

芝麻是中国和日本最喜欢使用的香辛科之一，在东南亚和印度也有相当用量，其次是法国和意大利，英、美、澳等英语系国家使用较少。芝麻在一切烘烤型食品中都可用，还可用于炸、煎、熏肉类的作料（如鸡、牛肉），制作用于沙拉的调味料。

小磨香油简称小磨油，又称小磨香麻油，以芝麻为原料，用水代法加工制取，具有浓郁的独特香味，是良好的调味油。小磨香油主要用作佐餐调味，也是一些传统特色食品糕点的主要辅料。

用上等芝麻经过筛选、水洗、焙炒、风净、磨酱等工序可制成芝麻酱。芝麻酱也是群众非常喜爱的香味调味品之一。芝麻酱的色泽为黄褐色，质地细腻，味美，具有芝麻固有的浓郁香气。一般用作拌面条、馒头、面包或凉拌菜等的调味品，也可用于甜饼、甜包子等馅心配料。

三十一、丁香

用作香辛料的是丁香的干燥整花蕾（以下简称丁香）、丁香粉、丁香精油和丁香油树脂。

丁香的香气随产地不同而不同，热带地区产的丁香质量较好。

丁香是所有香辛料中芬芳香气最强的品种之一，为带胡椒和果样香气、强烈的甜辛香，暗带些酚样气息、木香和霉气，有点儿苦和涩，舌头上有强烈麻感。丁香精油和油树脂的香气为清甜浓烈的带丁香特征花香的辛香香气，口感与原香料相似。

丁香的树根（丁香根）、树皮（丁香树皮）、树枝（丁香枝）、果实（母丁香）、花蕾蒸馏得到的挥发油（丁香油）。通常丁香精油为丁香的干燥花蕾（公丁香）经蒸馏所得的挥发油，为淡黄或无色的澄明油状液，有丁香的特殊芳香气。露置空气中或储存日久，则渐浓厚而色变棕黄。丁香油树脂为棕至绿色黏稠状液体。

除了日本以外，丁香是众多地区都常用的香辛料之一，印度尤甚之，主要用其芳香气和麻辣味。丁香可用于烘烤肉类作料（如火腿、汉堡牛排、红肠等）、汤料（番茄汤和水果汤）、蔬菜作料（沙拉、胡萝卜、南瓜、甘薯、甜菜等）、腌制品作料（肉类及酸泡菜）、调味料（茄汁、辣酱油等）。丁香精油则用于酒、软饮料、口香糖、面包风味料等。除了制作泡菜以外，整丁香很少使用。另外，由于丁香香气强烈，应控制使用量，如在肉食中的加入量要小于0.02%。

三十二、多香果

香辛料所用多香果是其整粒干燥种子、种子粉碎物、精油和油树脂。多香果种子和多香果叶的香气成分相差不大，因此多香果精油中经常掺入多香果叶油。多香果为类似于丁香的辛香气，但是比它更强烈，有明显的辛辣气味。多香果这种辛辣的风味因与肉桂、丁香、肉豆蔻、胡椒等众多香料相谐而能混合使用，因而得名。

对多香果树的浆果（亦称众香子、甜胡椒）和叶子分别进行水蒸气蒸馏，可制得多香果油和多香果叶油。多香果精油为略带些黄或红黄色液体，主要成分有丁香酚、水芹烯、石竹烯、桉叶油素、丁香酚甲醚等，具有温和的类似胡椒的辛辣香味，并有水果样、肉桂和丁香似的风味，后味有点涩。多香果油树脂为棕绿色，香味特征与精油相似。

多香果的作用是提升食物的风味，在西方烹调中占重要地位，广泛用于加勒比海、墨西哥、印度、英国、德国以及北美的菜肴。多香果整粒品作为汤类、烹饪、腌制等用。浆果干碾磨而成多香果粉，加勒比海烹饪法就靠多香果粉做为主要成分制作熏肉佐料，还可用于混合调料中，比如熏肉佐料和咖喱。多香果可用作几乎所有牲肉食品和禽类食品的作料，如德国香肠、红肠等，尤适合于熏、烤或煎肉类，有名的巴西烤肉即以多香果为主料；可用于配制汤料，主要为鸡、番茄、甲鱼、牛排和蔬菜等；用于制作各种调味料，如番茄酱、果酱、南瓜酱、辣椒酱、肉酱、卤汁、咖喱粉、辣椒粉等；还可用于各种蔬菜的风味料和沙拉调料，以及西式面制品风味料，如苹果饼、肉馅饼、布丁、生姜面包、汉堡包等。多香果精油可用于调配食用香精和酒用香精，咖啡中加入多香果有独特的效果。

三十三、细香葱

细香葱别名小葱、香葱。调料中所用细香葱有新鲜青葱、脱水细香葱和葱油。葱类植物的品种很多，因此它们的风味成分变化也大。细香葱在世界各国都有广泛应用。细香葱的香气能兴奋嗅觉神经，刺激血液循环，增加消化液的分泌，增加食欲。细香葱的味道比一般我们食用的葱温和，味道也没有那么刺激，叶子多用于沙拉、汤、蛋炒饭等，或料理鸡肉、鱼时的佐料。在鱼肉菜肴中适量加入可提升香气，消除腥味；可用于沙拉调味料、汤料和腌制品调味料等，可用于饼干、面包等面制品，荷兰和美国有细香葱风味的牛奶和奶酪。

细香葱精油，为浅黄色澄清透明液体，具纯正的葱油风味，相较葱油更加有辛辣味。也可作为调味品直接供家庭和餐饮业使用；也可作为食品添加剂，用于方便食品、速冻食品、膨化食品、焙烤食品及海鲜制品等。

三十四、葫芦巴

香辛料用葫芦巴干燥的种子、其粉碎物、酊剂和油树脂。葫芦巴精油的含量很低，一般小于0.02%，但气息极其尖刻。种子含有精油、葫芦巴碱、胆碱、植物胶、树脂、蛋白质、淀粉、脂肪、色素等。全草亦有芳香味。

粉碎的葫芦巴子具有非常强烈的槭树般的甜辛香香气，有苦味，这是由葫芦巴中的生物碱如葫芦巴碱和胆碱引起的，有浓烈的焦糖味，似有些肉的香味，香味悦人。葫芦巴的酊剂香气比原物更透发芬芳，风味与原物相似，因此常与其他香辛料配合以模仿槭树的风味。将此酒精萃取物蒸去酒精，得油树脂，香气与葫芦巴相同，有水解植物蛋白的风味，有点儿像蟹和虾的味道。葫芦巴的酊剂和油树脂因处理方法不同，风味随之有很大变化。

葫芦巴是印度人最喜欢使用的烹调香辛料之一，中国、美国、英国和东南亚也有相当数量的应用。印度人主要将葫芦巴用于咖喱粉的调配；制作印度式的酸辣酱（由苹果、番茄、辣椒、糖醋、葱、姜、葫芦巴等香辛料组成）；用于猪、牛等下脚料的炖煮作料。英美将其与其他香辛料配合用于蛋黄酱，使口感柔和多味。葫芦巴萃取物可用于口香糖、糖果、仿槭树风味和朗姆酒风味的饮料，或用于配制烟用香精。欧美及地中海地区各国以它的种子作为香辛料，现多用于制果酱和咖喱粉，亦常用于糖果、甜点及饮料中。

三十五、番红花

【应用】番红花别名藏红花，花含藏红花素约 2%，藏红花苦素约 2%，挥发油 0.4%～1.3%，其中主要是藏红花醛等化合物。番红花的香气随品种的不同有很大的变化，如淡黄至橙色的番红花风味就很弱，红橙色番红花的香气稍强。

番红花干燥的花蕊柱头是全世界最昂贵的辛香料之一，芳香、辛辣且苦。番红花在印度、意大利用得较多，在欧美其他地区仅有适度应用。在烹调中，番红花是以给出强烈亮丽的黄色为主，可为汤、米饭、蛋糕及面包上色加味，尤其是法国马赛的鱼羹及西班牙的什锦饭。也具宜人的强烈甜辛香味，并有精致的花香气；入口有点儿苦，但这苦极有回味，是烹调中有时所需要的那种风味，稍含泥土味、脂肪样和药草样味道。番红花多用于有非常特色的地方菜肴，如西班牙的鳕鱼、斯堪的那维亚半岛地区的糕饼等，它也用于牛羊肉作料、调味料和汤料。番红花精油为非常强烈的朗姆酒样辛香气，味感并不愉快，似有些碘酒的味道。精油用于软饮料、冰激凌、糖果及烘烤面食类食品。

三十六、香荚兰

香荚兰是典型的热带雨林中的一种大型兰科香料植物。由于它具有特殊的香型，主要用于制造冰激凌、巧克力、利口酒、高级香烟、奶油、咖啡、可可等食品的调香原料。香荚兰现已成为各国消费者最为喜欢的一种天然食用香料，故有“食品香料之王”的美称。在我国，香荚兰被名列“五兰”之首（香荚兰、米籽兰、依兰、白兰、黄兰）。香荚兰可用于化妆品业、烟草、发酵和装饰品业上。

三十七、龙蒿

香辛料主要采用龙蒿干叶、精油和油树脂这三种产品。

龙蒿叶略带甜味，适宜加入醋、腌菜、开胃小菜、芥子、酱料之中提味，亦经常用于西红柿及鸡蛋的料理，若用于鱼类或肉类料理、汤品、炖品等作调味，味道更是一流。

龙蒿为芬芳的辛香气，具茴香和甘草气味，后味很尖刻而香味浓烈。龙蒿精油为淡黄色或琥珀色液体，由龙蒿的茎、叶、花经水蒸气蒸馏得到，具龙蒿草特征的优美辛香，似甘草和甜罗勒。龙蒿油树脂为暗绿色、黏稠样液体，油树脂的香味与精油相仿。

龙蒿适用于西方饮食，为法国菜常用的香辛料，主要用于家禽、牛肉、蛋卷、奶酪、烤鱼、海鲜及其他肉食菜的加味，特别是法国蜗牛的烹制。亦可浸于醋中，制成香艾醋，为沙拉的调味汁。龙蒿细粉可直接用于法式沙拉，也可用作汤料。龙蒿精油除用于日用香精外，可用作软饮料和酒的香精调配，配制多种调味料、汤料和作料。

三十八、木香

木香含木香内酯、二氢木香内酯、风毛菊内酯、木香烃内酯、二氢木香烃内酯等。木香入肴调味，可增香赋味，去除异味，增添食欲。我国民间习惯用于卤、酱、烧、炖等。常和其他香辛料配制复合香辛料用于肉类加工。木香是“十三香”的成分之一。

三十九、酒花

香辛料主要采用干酒花、酒花精油、酒花浸膏和油树脂。

酒花具有强烈清新的特征性辛香气，特殊苦味，香气成分因产地而变化极大。酒花油树脂为亮黄色液体，几乎透明，为非常强的芳香气和苦味。

酒花被誉为“啤酒的灵魂”，成为啤酒酿造不可缺少的原料之一。在酿制啤酒时添加酒花，可使啤酒具有清爽的苦味和芬芳的香味。酒花在烹调中的应用仅见于西式饮食，用于调制需一点儿苦味的沙拉含醋酱油、调味料和汤料；少量用于面包，利用其强烈的防腐和杀菌性，又含有发酵素，有助于面包的发酵。酒花萃取物还可用于烟草、饮料、糖果、口香糖和一些烘烤食品。

第三章 香辛料的生产

第一节 天然香辛料的干制

香辛料的原始使用方法是不进行任何加工，直接添加在食品中，除此以外，也常干制或加工成粉状制品使用。随着人们生活水平的提高和生活节奏的加快，市场上又出现了片状香辛料，如姜片、大蒜片等。这几种香辛料产品都要求对香辛料进行干制处理。

一、原状香辛料的干制保藏

原状香辛料是按食用形式来区分，即除直接干燥操作外，不经其他任何处理，直接用于烹饪的香辛料。使用原状香辛料的好处是，使用方便，在高温加工时，风味物质也能慢慢地释放出来；味感纯正；易于称重和加工等。

使用原状香辛料的不利之处是，香辛料受原料产地、种植地点、收割时间等影响较大，其风味成分含量和强度常有不同，因此经常需要调整香辛料的用量；风味成分的含量在香辛料中的所占比例一般很小，香辛料中有许多无用的部位，所占体积、质量大，在运输和储藏过程中易受污染；原状香辛料上都带有数量不少的细菌，易霉变和变质等。

目前已发现的百余种天然香辛料，收获季节不尽相同，其收获期的差异也十分明显，有年种年收的，也有一年两收的，还有几年一收的。为了延长天然香辛料的使用时间，香辛料采集后，必须进行干燥处理，以便保持其品质。

香辛料的干燥没有一个固定的模式可循，而要根据其自身的特点区别对待。有些香辛料要在较高的温度下或阳光下才能干燥好，而有些则不能让阳光直晒。目前香辛料的干燥方式有自然干燥和人工干燥两种。自然干燥分为晒干和风干，人工干燥一般采用热风干燥，而更多的香辛料是采用自然干燥。

选择何种干燥方法，要视当地的气候条件而定，通常采用25～30℃下自然阴干以防止精油损失，也有采用红外线照射法干燥香辛料植物。在储存过程中，原料中的酶对于食用香辛料植物的加工利用也是极为重要的一环，如香荚兰豆、鸢尾草、芥菜子、胡椒、苦杏仁等，通过发酵或植物组织内部酶的作用会使香味成分增加，同时可以改进香气。而对于各种荚果原料，要在采摘后很快地在热水或蒸汽中进行短时间热处理，再立即用冷水冷却，其作用是保持特定的颜色。如八角在热水中浸泡3～5min，晒干后可保持八角特有的黄红色。原料进行粉碎也是重要的一环，无论是直接利用香辛料植物，还是进一步蒸馏或浸提，粉碎都可加快其干燥过程，也可以充分利用其组织中的各种有效成分。

二、片状香辛料的干制生产

片状香辛料的生产工艺简单，对设备的要求也不高，目前市场上生产的片状香辛料多数是用于出口。

我国常用片状脱水香辛料的生产工艺如下：

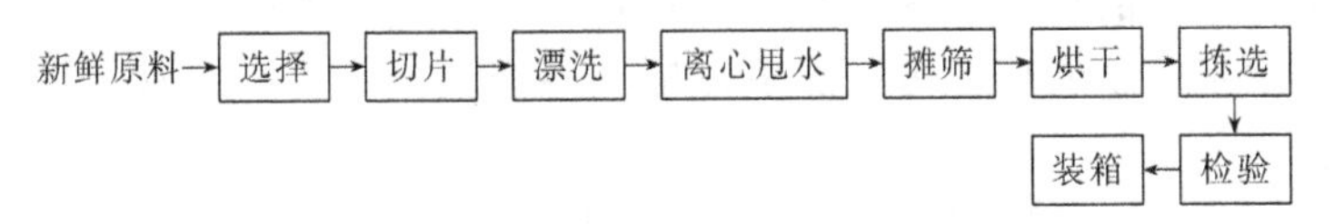

下面举例几种片状脱水香辛料产品的加工方法。

（一）脱水大蒜片的加工

脱水大蒜片主要产于江苏、上海、山东、安徽等地。每年7～9月为主要生产季节。产品用于调料、汤料及佐膳食用。

1. 大蒜原料质量要求

（1）要选择个大的，剔除过小的蒜头。

（2）蒜头要成熟、新鲜、清洁、干燥，肉质要洁白。

（3）外皮完整，无机械损伤、斑疤，无发热、霉烂、变质及虫蛀等现象。

2. 生产工艺流程

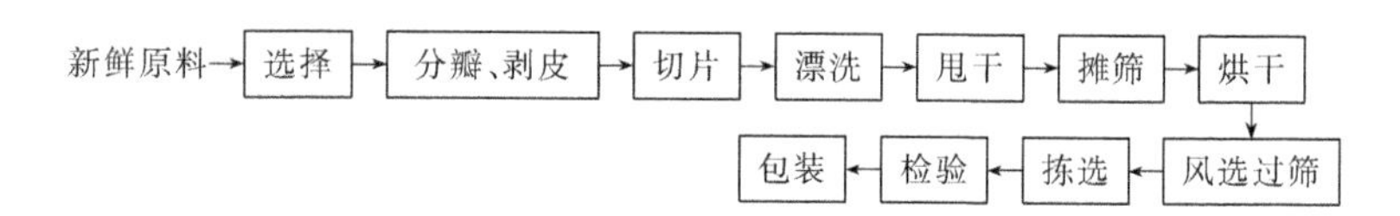

3. 加工操作要点

（1）选择　加工时必须剔除发热、霉烂、变质的蒜头及蒜瓣，必须将未干或雨淋过的原料先行加工。

（2）分瓣、剥皮　将蒜头分瓣、剥皮、切净蒜蒂。

（3）切片　蒜瓣切片前应在清水中洗去泥杂，然后带水放在切片机中切成2mm左右的薄片，厚度不超过2.5mm，生产前期片形可略厚，后期可略低于2mm。刀片机的刀片角度要夹准，刀盘转动要平稳，转速一般80～100r/min，刀片必须锋利，2～3h磨一次，这样才能使切出的蒜片光滑且厚薄均匀。片形过厚，烘干后发黄；片形过薄，色虽白，但易碎，成品碎屑多，且辛辣味不足。

（4）漂洗　将切片的蒜片装入竹筐中，每筐约10～12.5kg，放在清水池或缸中用流动的水冲洗掉蒜衣和蒜片表面的黏液，并用木棍将筐内的蒜片上下翻动，一般冲洗3～4次。漂洗程度要适中，如漂洗不清，成品较黄；漂洗过度，香辣浓度降低，且成品片形毛糙。

（5）甩干　将蒜片放入离心机内甩水约2min左右，将蒜片表面水分甩掉，既可以缩短烘烤时间，又可改善成品色泽。

（6）摊筛　竹筛上蒜片要摊得均匀，既不要留空白处，也不得过厚，过厚易发黄，不易烘干。

（7）烘干　准确掌握烘道温度，一般控制在65～70℃，烘温不宜过高，过高易导致蒜片色泽发黄发焦。烘烤时间5～6h，因与天气变化和排湿量大小有密切关系，故必须灵活掌握。蒜片出烘道水分含量一般掌握在4%～4.5%（质量分数，以下未加说明均为质量分数），考虑到拣选、装箱吸收水分的因素，出烘道后需经水分拣选合格，才可送拣选间拣选。

（8）风选过筛　烘干的蒜片，用风扇去除鳞衣杂质，用振动筛筛下蒜屑、碎粒，然后将成品送入拣选间拣选。

（9）拣选　拣选需注意四方面。一是拣选间必须宽畅，最好安置在楼层，室内清洁卫生，空气流通，光线明亮，墙壁刷白，并要装有纱门、纱窗等防蛾、防虫设备。二是拣选及装箱时必须穿戴功能工作服、工作鞋、工作帽，拣选前必须洗手，并经过消毒（3%来苏尔溶液）。用具必须经过消毒，保持干燥、清洁。三是拣选时要严格对照成品出口质量标准，剔除蒜衣和一切杂质，拣选后的蒜片再次测定水分，掌握在5.5%左右。四是拣选中要做好分等分级工作，避免以次充好。

（10）检验　对照脱水蒜片成品出口标准严格进行，检验项目主要围绕下列方面进行：色泽、片形大小、粒屑所占比例、水分含量、杂质，其他如深黄片、空心片、斑疤、中心泛红及变色片所占的比例、香辣味（浓、淡）等。检验员须严格按照检验的操作规程进行，详细做好检验记录和质量不合格的处理意见等。

（11）包装　经严格拣选和检验后符合出口标准的各等级蒜片要立即进行装箱，否则暴露在空气中时间过长，易吸潮变软。

（二）脱水（黄、红、白）洋葱片的加工

1. 黄（红、白）洋葱原料质量要求

（1）黄洋葱和红、白洋葱原料在收购运输进厂时，一定要分开，不得混杂。黄洋葱原料品种选用盆子葱或高茎葱，红葱原料品种选用扁形盆子葱。

（2）洋葱原料应充分成熟（外层已老熟），身干无泥、无须，剔除过小的洋葱。

（3）原料要求新鲜，气味辛辣。黄洋葱肉色呈白色或淡黄色，

红洋葱肉色呈淡紫红色，白洋葱肉色呈白色。

（4）无霉烂、虫蛀、抽芽或严重机械损伤。

2. 生产工艺流程

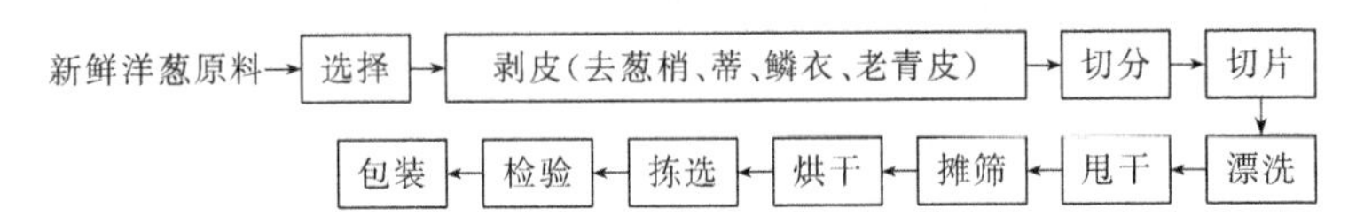

3. 加工操作要点

（1）原料的进厂要求　在收购和运输过程中，应轻装轻卸，避免机械损伤，储存于干燥通风处，以免发热受潮后霉变、腐烂、抽芽，影响成品加工质量。

（2）选择　加工前须对原料进行选择，剔除机械损伤严重的、烂的、过小的及其他不合格的葱，加工生产时黄、红、白洋葱原料要严格分开，生产黄洋葱要剔除红（白）洋葱，生产红洋葱要剔除黄（白）洋葱。

（3）剥皮　经拣选后的黄（红、白）葱，去葱蒂、葱梢，去鳞衣、老青皮，一直剥到均一鲜嫩的白色或淡黄色肉或淡紫、红色肉为止（一般剥去2～3层），并削除有损伤部分。为保证原料新鲜，在加工切片前应随用随剥，剥后不能放置过久，一般不超过4h，并浸泡在清水中储存。

（4）切分　在切分之前用清水冲洗一次，洗除外表污泥。大个洋葱应切分“四半”，中等洋葱应切分为“两半”，小洋葱不切分。

（5）切片　将切分后的洋葱放在切片机中切成3.5mm厚的类似月牙形的葱片（早期水分较多切4mm，中期切3.5mm，后期水分较少，切3mm）。切片机刀片大约4h磨一次，不磨刀切出的洋葱易碎。

（6）漂洗　切片后应放在流动水中漂洗3次。用竹箩放入约小半箩葱片，放入流动清水缸中漂洗，用棍棒或手上下翻动，连续经过三缸流动清水，漂洗去葱片表层可溶性物质（黏质、糖分等）。然后放入0.2%的苏打或柠檬酸溶液中浸泡2min护色，但一般情况下，不需要苏打或柠檬酸溶液护色。

(7) 甩干　将漂洗好的洋葱放入离心机中甩干，甩水时间30s左右（电机转动30s后，立即切断电源让离心机自动旋转，再过30s刹车），然后取出摊筛。甩水时间要严格掌握，要适度，如时间过长，条形不挺直，影响成品质量。

(8) 摊筛　摊筛要均匀，不能摊得过厚，否则不易烘干，影响色泽，也不要留空白。

(9) 烘干　烘道温度一般掌握在65℃左右为宜，时间一般6～8h，视排风能力而定，烘出水分掌握在4%～4.5%。烘温不能太高，时间不能过久，否则易发生色变、发黄现象，出烘道后稍冷却即装入容器中封闭，并拣除未烘干部分。

(10) 拣选　拣选间必须保持清洁卫生，空气流通，光线充足。洋葱片成品特别易生虫，为防止虫子、飞蛾在成品上产卵，拣选间必须装有纱门纱窗，拣选前双手必须洗净并消毒，同时必须穿戴工作服、工作帽、工作鞋，严格按照成品质量要求进行拣选，筛去碎屑，拣除黄皮、青皮、葱衣、变色片、花斑片和一切杂质。因葱片容易吸潮，拣选时动作必须迅速，拣选后并经水分检验合格后才能装箱。拣选时应做好分等分级工作。

(11) 检验　要对照黄（红、白）洋葱出口质量标准进行检验，检验项目主要围绕5个方面进行：色泽、水分、杂质、片形（长短、粒、屑所占比重）、其他（老皮、青筋片、深黄片、褐片等所占比重）。检验员要严格按操作规程逐项进行，严格进行质量把关，分等分级等。

(12) 包装　经检验合格的洋葱片，要立即进行装箱。

（三）脱水生姜片的加工

1. 生姜原料质量要求

(1) 选择个大的生姜，剔除过小的生姜。

(2) 生姜要成熟、新鲜，外表光洁完整，无斑疤，无机械损伤。

(3) 无瘟姜（即芯子是黑的姜），无受冻、霉烂、发热、变质、虫蛀。

2. 生产工艺流程

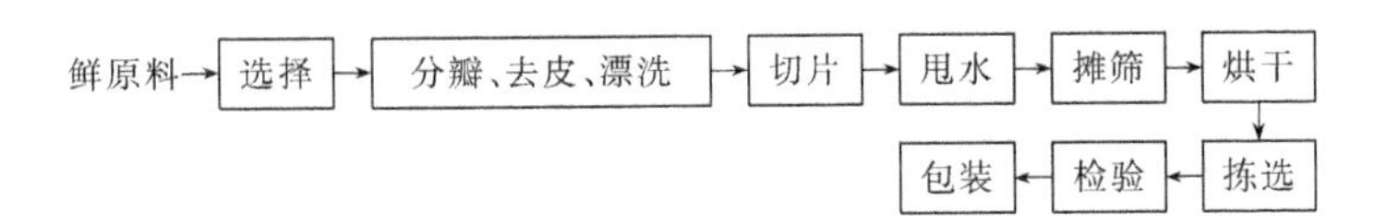

3. 加工操作要点

（1）鲜原料要求　新鲜原料在运输和储存过程中，要防止机械损伤，轻装轻卸，不得受重压、踩踏，不得受冻雨淋。原料运到工厂储存时，要堆放凉棚内，用姜叶覆盖其上，如用草包从远地装运来，则要每包依次堆好，不让其吹干、干结，否则加工时不易脱去姜皮。

（2）选择　在加工姜片之前，必须经过挑选，剔除虫蛀姜、霉烂姜、冻姜、瘟姜、疤斑及机械损伤严重的姜。

（3）分瓣、去皮、漂洗　经过挑选合格的原料，接着进行人工分瓣，先洗去污泥，然后放入圆筒形的去皮机中去皮，或用人工刮净姜皮，最后放入清水中进行漂洗。

（4）切片　切片厚度要适中，5～6mm。切片机刀片必须保持锋利，使用铁制刀，连续工作2h磨刀1次，否则切出的姜片在烘干后片形毛糙，严重影响成品质量。如无切片机，也可使用人工切片、人工刨片，刀片同样要保持锋利。切片后用水冲洗1次。

（5）甩水　切片冲洗后，将姜片放离心机中甩水半分钟，机器启动到停止不超过半分钟，否则甩水过干姜片筋络暴出，成品毛糙，影响色泽。也有部分生产厂家不甩水，让其自然沥干。

（6）摊筛　甩干后的姜片，摊筛必须均匀，不得太厚，然后放入烘道烘干。

（7）烘干　烘道内温度掌握在60～65℃，烘烤时间8～9h，温度不宜过高，否则色泽易变深黄，烘后水分掌握在6%～7%。

（8）拣选　烘后的生姜片在拣选前要进行水分测定，合格后方能挑拣，否则要进行复烘。严格按照成品质量标准拣选，筛去碎屑，剔除过厚未干片、带皮片、焦褐片和其他变色片，去除一切杂质。

(9) 检验　对照姜片的出口标准按照不同等级严格进行色泽、片形、含水量、杂质及其他五个方面的检验与定级。

三、粉状香辛料的干制生产

粉状香辛料是香辛料的一种传统制品。粉状香辛料加工简单，对设备要求不高，此加工成品在市场上占据相当大的比重。与整个香辛料相比，粉状香辛料的风味更均匀，也更容易操作，符合传统的饮食习惯。但它与原状香辛料一样也有受产地影响、风味成分含量低、带菌多等缺陷，另外粉状香辛料还易受潮、结块和变质，易于掺杂，在几天或几周内易失去部分挥发性成分。

粉状香辛料的加工分为粗粉碎加工型和提取香辛成分喷雾干燥型。粗粉碎加工型是我国最古老的加工方法。它是将香辛料精选、干燥后，进行粉碎，过筛即可。植物原料利用率高，香辛成分损失少，加工成本低，但粉末不够细，加工过程易氧化，易受微生物污染，特别是对于那些加工后直接食用的粉末调味品，需进行辐射杀菌。另外，可根据各种香辛料的呈味特点及主要有效成分，对香辛料采取溶剂萃取、水溶性抽提等不同提取方法，在提取出有效成分后进行分离、选择性提取，然后喷雾干燥。也可采用吸附剂与香辛料精油混合，然后采用其他方法干燥。

我国常用的粉状香辛料的制造工艺流程如下：

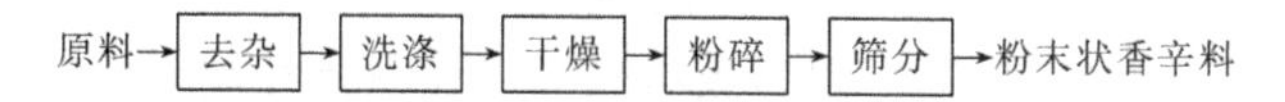

粉状香辛料的一般加工方法操作要点如下。

(1) 原料　原料的选择决定产品的质量，尤其是香辛料，产地不同，产品香气成分含量就不同，因此，进货产地要稳定，同时要选用新鲜、干燥、有良好固有香气和无霉变的原料。

(2) 去杂　香辛料在干燥、储藏、运输过程中，有很多杂质，如灰尘、草屑、土块等，所以要筛选去杂。

(3) 洗涤　经过筛选、去杂仍达不到干净要求，就需要洗涤，洗涤后要经过低温干燥，再行使用。

（4）粉碎　将处理干净后的原料先经粗磨，再经细磨。

（5）筛分　将粉碎后的原料过筛，细度一般要求达到50～80目。

几种粉状脱水香辛料的加工方法举例如下。

（一）脱水大蒜粉的加工

1. 原料质量要求

选用脱水大蒜片筛下的碎屑和拣下的次品，必须严格拣尽杂质，并复烘到水分4%左右。

2. 生产工艺流程

3. 加工操作要点

（1）原料　不是所有次品及碎屑均可利用，应有所选择。对于次品，必须尽量选择色泽较白的，并拣尽焦褐片、斑疤片及红片等变色片。碎屑色泽也必须白色，这样打出的粉也为白色。

（2）除尽杂质　在复烘前，必须严格拣除副产品、次品及碎屑中的竹片、头发、泥、石子等杂质。

（3）复烘　在粉碎前，水分必须复烘（重新干燥）到4%左右。

（4）粉碎　粉碎操作在粉碎机中进行，粉碎加工季节一般应安排在秋季10月份以后，因粉极易吸潮，此季节气候干燥，易控制水分吸收。粉细度有不同规格，粉碎是要按不同的细度要求加工成不同的规格。因各种不同细度的规格食用方法不同，要严格按不同规格生产，不能混级。

粉细度分为100目、120目两个规格。

（5）检验　水分必须控制在6%以内，无杂质。

（6）包装　粉极易吸潮，加工和包装时动作要迅速。箱内两袋装，每袋内用双层聚乙烯袋，外套铝箔纸袋装。外用纸箱（双瓦楞对口盖）胶带封口，箱外打二道腰箍。

（二）脱水（黄、红、白）洋葱粉的加工

1. 原料质量要求

（1）采用脱水黄（红、白）洋葱片经拣选下的次品和碎屑作原料。

（2）必须严格拣尽杂质。

（3）复烘到水分4%左右，在粉碎机中粉碎而成。

2. 生产工艺流程

原料（脱水洋葱片筛下碎屑或次品）→ 除尽杂质 → 复烘 → 粉碎 → 检验 → 包装

3. 加工操作要点

（1）原料　从原料中拣除焦褐片、斑疤片、焦斑粒以及一切杂质。

（2）复烘　在粉碎前，水分必须复烘到4%左右。

（3）粉碎　粉碎加工季节一般应安排在秋季10月以后，因粒粉易吸潮，此季节气候干燥，易控制水分吸收。粉细度有不同规格，但主要是100目、120目两个规格，要严格按不同规格生产，不能混级。

（4）检验　水分必须控制在6%以下，无杂质。

（5）包装　外用纸箱，箱内两袋装，每袋粉各重10kg，每袋内用双层聚乙烯袋，外用铝箔纸袋装。每箱净重20kg。

洋葱粉极易吸潮，加工和包装时动作要迅速。

第二节　香辛料调味品的生产

香辛料是提供调味品香味和辛辣味的主要成分之一。香辛料中的芳香物质具有刺激食欲、帮助消化的功效。除了具有本身的特殊香气之外，香辛料还具有遮蔽异味的特性。月桂、胡椒、丁香、茴香、肉豆蔻、豆蔻等香辛料配合使用，可以除去不同原料中的腥味和异味。

按单一原料和复合原料，香辛料产品分为两类。单一型，由单一香辛料制成的调味品；复合型，由两种或两种以上香辛料配制而成的调味品。根据不同香辛料具有的不同赋香作用和功能，可调配各种香辛调味料。在配制组合时，配合比例应科学合理，注意各种香辛料的协调，使添加的香辛料能对加工的食品起到助香、助色、助味的作用。如加工烹调鸡肉时，除使用普通增香调味料以外，还要使用脱臭、脱异味效果的香辛料（月桂、芥末、胡椒、肉豆蔻）；加工牛、羊、狗肉时要使用具有去腥除膻效果的香辛料（胡椒、多香果、丁香、洋苏叶等）；加工蔬菜类使用具有芳香性或刺激性的香辛料（茴香、咖喱、芫荽）；加工鱼肉时要选用对鱼腥味有抑制效果的香辛料（多香果、香菜、肉豆蔻）；加工豆制品要加去除豆腥味的香辛料（月桂、豆蔻、丁香）等。

一、复合香辛料的生产原理

香辛料间可以复配，香辛料可与其他原料复配成复合调味品。复合调味的原理，就是把各种调味原料依照其不同的性能和作用进行配比，通过加工工艺复合到一起，达到所要求的口味。复合调味品味感的构成，包括口感、观感和嗅感，是调味品各要素化学、物理反应的结果，是人们生理及心理对味觉的综合反应。

由于每种原料的调味性能不同，因而各类原料在调味中的地位也不同。复合调味品的配制以咸味剂为中心、以鲜味剂和天然风味提取物为基本原料，以香辛料、甜味剂、酸味剂和填充料为辅料，经过适当的调香、调色而制成。

各种味感成分之间相互作用的结果，是复合调味品口味的决定因素；味感成分的相互作用关系，是复合调味的理论基础。

（一）各种味的相互作用关系

1. 味的相乘作用

同时使用同一类的两种以上呈味物质，比单独使用一种呈味物质的味大大增强。味的相乘作用应用于复合调味料中，可以减少调味基料的使用量，降低成本，并取得良好的调味效果。

2. 味的对比作用

一种呈味成分具有较强的味道，如果在加入少量的另一种味道的呈味成分后，使原来的味道变得更强，这就是味的对比作用。

3. 味的相抵作用

味的相抵作用是加入一种呈味成分，能减轻原来呈味成分的味觉。如苦味与甜味、酸味与甜味、咸味与鲜味、咸味与酸味等，具有明显的相抵作用，可以将具有相抵作用的呈味成分作为遮掩剂，掩盖原有的味道。

4. 味的转化作用

味的转化作用是将多种不同的呈味物质混合使用，使各种呈味物质的本味均发生转变。如将甜味、咸味、香味、酸味、辣味、鲜味等调味品，按相同比例融合，最后导致什么味也不像，称为怪味。

（二）复合香辛料的配兑

选择合适的不同风味的原料和确定最佳用量，是决定复合香辛料风味好坏的关键。在设计配方时，首先要进行资料收集，包括各种配方和各种原料的性质、价格、来源等情况。然后，根据所设定的产品概念，运用调味理论知识和资料收集成果，进行复合调配。具体的配兑工作，大致包括以下几个方面。

（1）掌握原料的性质与产品风味的关系，加工方法对原料成分和风味的影响。

（2）考虑各种味道之间的相互关系（如相乘、对比、相抵、转化等）。

（3）在设计配方时，应考虑既要有独特的风味，又要讲究复合味，色、香、味要协调，原料成本符合要求。

（4）香辛料是复合调味品的主要辅料，在确定复合调味品原料比例时，宜先确定食盐的量，再决定鲜味剂的量，根据突出风味的特点选择适宜的香辛料，其他呈味成分的配比，则依据资料和个人的调味经验。

（5）有时产品风味不能立即体现出来，应间隔10～15天再次品尝，若感觉风味已成熟，则确定为产品的最终风味。

（6）反复进行产品试制和品尝，保存性试验，直至出现满意的调味效果，定型后方可批量生产。

（三）复合香辛料的配伍原则

（1）科学配比　各种香辛料具有特殊香气，有的突出，有的平淡，因此，在使用剂量上不是等分的，如肉桂用量超量，会使产品产生涩味和苦味；月桂用量超量会变苦；丁香过多会产生刺激味。所以配合比例要适当、科学合理。

（2）注重风味　设计每种复合香辛料时，应注重加工产品风味。如生产鸡调料、鱼调料、羊肉调料、红烧猪肉调料等时，参照风味菜肴烹制所用调料，使加工产品具有特殊风味。在选用辣味香辛料时，需根据其辣味成分，如生姜辣味是姜酮、姜醇，胡椒辣味是辣椒素和胡椒碱，芥末的辣味物质是各种硫氰酯等，添加适量，以免造成产品风味的不协调。

（3）互换性　有些芳香性香辛料，只要主要成分相类似，使用时可以相互调换，如小茴香和八角、豆蔻和月桂、丁香和多香果，在原料短缺时，可以互换。

（四）复合香辛料类型

复合香辛料的制作是将原始香辛料或其风味浸提物，按照一定配方进行混合。其特点是突出一种或几种风味，其他的原料则作为辅助成分，使整体风味趋于和谐。每种复合香辛料都适用于特定的食品原料，能够突出原料的本味，去除异味，并在烹饪过程中释放出独特的香气，达到增进食欲、促进消化的目的。按照复合香辛料的产品形式，分为粉末状、油状、汁状、酱状等。粉末状产品多由原始香辛料直接加工制成，油状和汁状等产品，则是利用香辛料提取的精油经复配和二次加工制成。

编制配方是整个复合香辛料生产工作中最重要的环节，它关系到整个生产过程，决定着商品推销活动的成败，技术性要求较高。完成这项工作不仅要有较高的食品及调味品方面的知识水平，还要求对各种烹调法及各地的名菜肴的品种等有广泛的了解。在完成了上述工作之后，还要获取一般理化分析数据，其中包括糖度、食盐含量、pH值、相对密度、水分活性、色度、黏度等，有了这些基础工作和数据，就可以转入工厂生产了。

二、香辛料调味品生产工艺

（一）香辛料调味粉

单一型香辛料调味粉的生产可参照第一节中关于粉状香辛料的干制生产。复合香辛料调味粉的加工方法主要包括原料预处理、粉碎、混合、包装等工序。

1. 工艺流程

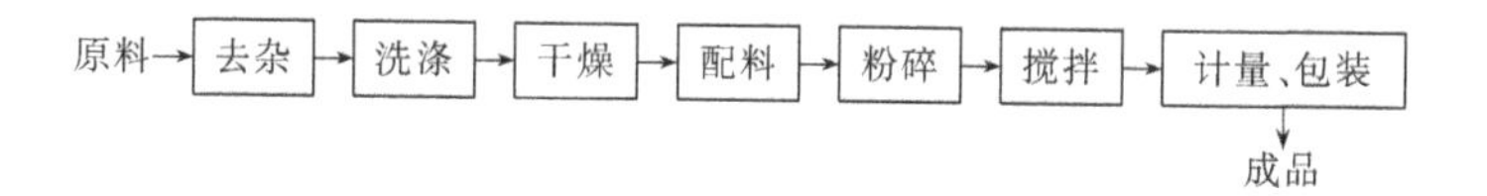

2. 操作要点

（1）原料　原料由于产地不同，产品的香气成分含量有差异。因此，要保持进货产地稳定，选择新鲜、干燥、无霉变、有良好的固有香气的原料。每批原料进厂后，要先经过品尝和化验，确保原料质量稳定。

（2）去杂、洗涤、干燥　由于香辛料在加工和储藏运输过程中，会沾染许多杂质，如灰尘、土块、草屑等，所以首先要进行识别和筛选，除去较大的杂质。对于灰尘和细菌等不易除去的杂质，则通过对筛选后的原料进行洗涤来除去，洗涤后沥去多余的水。将原料均匀铺于烘盘内，放入烘箱，在60℃温度下烘干。

（3）配料　根据产品的用途和调配的原则，设计产品配方。按照配方称取不同原料，进行混合。

（4）搅拌　为避免由于粉碎时进料不均匀而导致产品质量不稳定，在粉碎后增加一道搅拌工序，将粉碎后的香辛料搅拌均匀，然后进行计量、包装。

(二) 香辛料调味油

香辛料调味油是以香辛料、食用植物油为主要原料，经预处理、浸提或压榨、调配、灌装等工艺加工而成的一类产品。

1. 工艺流程

(1) 热油浸提法

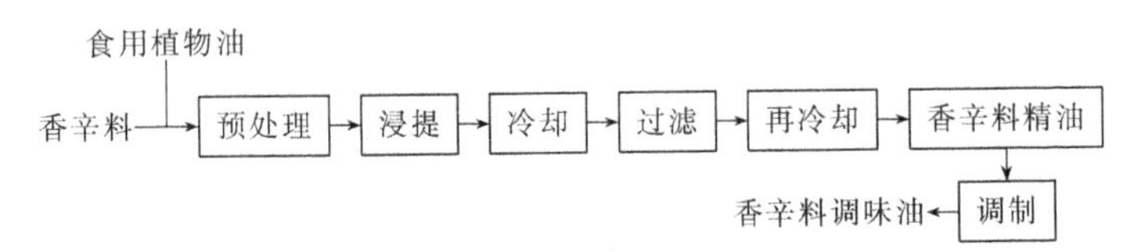

(2) 蒸馏法

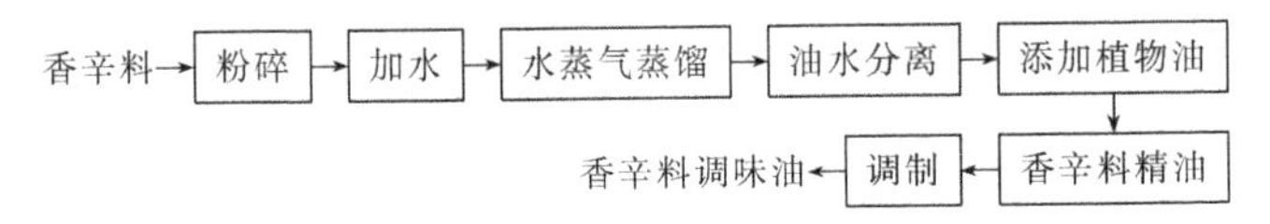

(3) 溶剂萃取法

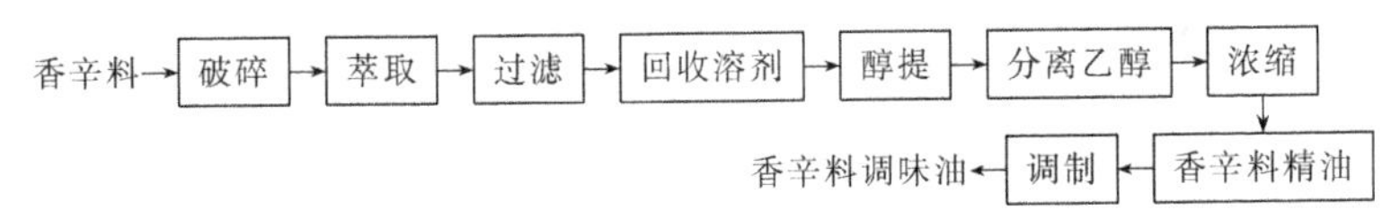

2. 热油浸提法生产香辛料调味油的操作要点

(1) 香辛料　香辛料调味油所用原料主要为香辛料与食用植物油。香辛料的选择如前所述。食用植物油应选用精炼色拉油。

(2) 预处理　已经干燥的香辛料可直接进行浸提，对于新鲜的原料要经过一定的前处理。如鲜葱（蒜）加 2%的食盐水溶液，绞碎后静置 4～8h。老姜加 3%的食盐水溶液，绞碎后备用。植物油要经过 250℃脱臭处理 5s，作为浸提用油。

(3) 浸提　采用逆向复式浸提，即原料的流向与溶剂油的流向相反。对于辣椒、花椒等在一定温度作用下能产生香味的香辛料，宜采用高温浸提，浸提温度 100～120℃，原料与油的质量比为 2∶1，1h 浸提 1 次，重复 2～3 次。

对于含有烯、醛类芳香物质，高温易破坏其香味的香辛料，宜采用室温浸提。浸提温度25～30℃，原料与油的质量比为1∶1，1h浸提1次，重复5～6次。

(4) 冷却、过滤　将溶有香辛料精油的油溶液，冷却至40～50℃。滤去油溶液中不溶性杂质，进一步冷却至室温。对于室温浸提的香辛料油，直接过滤即可。

(5) 调制　测出浸提油中的呈味成分含量，再用浸提油兑成基础调味油，将不同原料浸提出的基础调味油，用不同配比，配成各种复合调味油。

3. 蒸馏法生产香辛料调味油的操作要点

香辛料的粉碎细度与抽提率有关，以细一些为好，但过细时会影响水在粉粒间的通过，过粗时粉料的表面积小，影响抽提速度。加水量一般为香辛料的4～10倍，加水过少时，香辛料易黏结，不易蒸馏，加水过多时，蒸汽用量大，增加成本。将蒸馏出的精油添加在食用植物油中，混合均匀即可。蒸馏方法中还有真空蒸馏，可以降低加热温度，避免制品的色泽过深。

4. 溶剂萃取法生产香辛料调味油的操作要点

萃取时的溶剂为水，也可以用含水的有机溶剂，如乙醇、丙二醇等，其含量在80%以下。萃取法适用于加热时易分解的香辛料，原料破碎需稍细一些，以增加萃取面积，浸渍时间与次数也因品种而异。

(三) 香辛料调味汁

香辛料调味汁是随着现代人的口味发展起来的一种方便的专业化的调味汁。它通常是以酱油为基汁，辅以其他原料，如白砂糖、酵母粉、水解植物蛋白、多种香辛料和辣椒油等调配而成。

1. 工艺流程

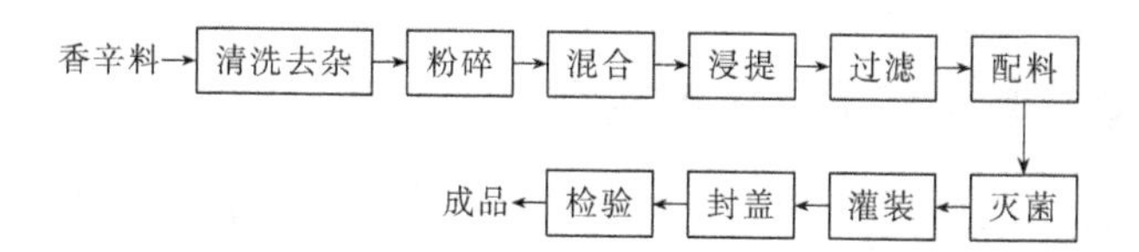

2. 操作要点

（1）香辛料　香辛料应形体完整、无污染、无霉变。来料后应清洗、除杂，适当粉碎以便浸提。其他原料应符合食品卫生要求。

（2）混合、浸提　按配比重量称取香辛料、混合、加热浸提，加入料重25倍的水，在50～60℃条件下浸泡4h，然后煮沸30min后过滤。

（3）过滤　浸提液通过过滤网过滤，滤渣进行第二次、第三次提取，过滤，滤液合并。

（4）配料　加入盐、鲜味剂、稳定剂、料酒混合均匀。

（四）香辛料调味酱

调味酱与调味汁的主要区别在于：调味汁为液态或近似液态的调味品，而调味酱为半固态稠状调味品。香辛料调味酱具有风味独特、花色品种多、携带方便、营养丰富等特点，越来越受到广大消费者的喜好，已成为餐馆、家庭和旅游的佐餐佳品。

1. 工艺流程

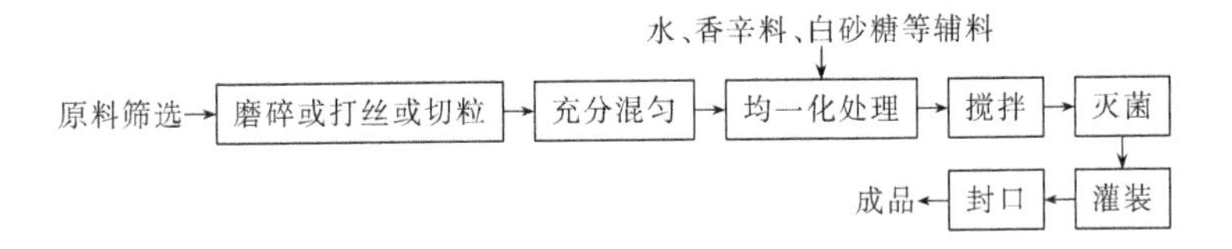

2. 操作要点

以上工艺流程为一般通用流程，不同的风味调味酱在生产工艺上有所不同，特别是在辅料预处理工序和灭菌工序。有的盐含量相对较高的调味酱，采用灌装前加热调配、趁热灌装封口的杀菌方式；而对于一些盐含量相对较低，而且蛋白质等营养成分丰富的调味酱，则一定要采用在灌装封口后再杀菌的方式。

三、香辛料调味品的生产实例

目前市场上出售的香辛料调味品，常见品种有香辛料调味粉、香辛料调味油、香辛料调味汁、香辛料调味酱等。除少数种类的香辛料可单独使用外，绝大多数需根据不同原料、不同烹调方法及不同口味要求等进行配合使用，以达到应有的感官要求。按不同配比制成的复合香辛料，可赋予食品不同的色、香、味。其配方无统一标准，各厂家均有各自配方，中国传统名吃名肴，如德州扒鸡、黄家烤肉等均以其特殊、绝密的香辛料包来调和滋味。

其实，香辛料的综合应用是十分复杂的课题，要搞清楚针对什么原料，调配哪种香辛料，及使用多少量是极为困难的，或者说很难有绝对科学的配方。但应用香辛料又有一些规律可循，只要搞清各料的味道特征、一般添加量等知识，可在一定范围内任意调配。一般认为，除葱、姜、蒜、辣椒等几种外，若用于酱、卤、烧、扒等长时间烹调技法制作菜肴，香辛料添加总量一般在0.08%～1%（质量分数）之间即可。过量则产生药味，影响食欲及风味。若反复使用老汤或卤汤，添加量可递减，一般可掌握在0.5%以下。

使用香辛料的原则：首先考虑对异味的遮除效果，其次考虑与加香产品的适应性。香辛料调味粉添加量一般为0.8%或低于此量；精油和油树脂为0.02%；具有苦味、涩味的香辛调味料用量不宜过大。

（一）香辛料调味粉

香辛料调味粉的制取可采用粉末的简单混合，也可在提取后，熬制混合，经浓缩后喷雾干燥制得。其产品呈现醇厚复杂的口感，可有效调整和改善食品的品质和风味。其产品的卫生、安全性能均优于简单混合的产品。采用简单混合方法加工的粉状香辛料，不易混合均匀，在加工时要严格按混合原则加工。混合的一般原则是，混合的均匀度与各物质的比例、相对密度、粉碎度、颗粒大小与形状以及混合时间等均有关。如配方中各原料的比例是等量的和相差不大的，则容易混匀；若比例相差悬殊时，则应采用“等量稀释法”进行逐步混合。其方法是将色深的、质重的、量少的物质首先加入，然后加入其等量的量大的原料共同混合，直到加完混合为止，最后过筛，经检查达到均匀度即可。

一般来说，混合时间越长，越易达到均匀，但所需的混合时间应视混合原料的多少及使用的机械来决定。在实际生产中，多采用搅拌混合兼用过筛混合的一体设备。

下面介绍几种常见的香辛料调味粉的加工方法。

1. 咖喱粉

咖喱（Curry）起源于古印度，词源出于泰米尔族，意即香辣料制成的调味品。是用胡椒、肉桂之类芳香性植物捣成粉末和水、酥油混合成的糊状调味品。18世纪，伦敦克罗斯·布勒威公司把几种香辣料做成粉末来出售，便于携带和调和，大受好评。特别是放入炖牛肉中，令人垂涎欲滴。于是咖喱不胫而走，传遍欧、亚、美洲。

目前，世界各地销售的咖喱粉的配方、工艺均有较大差异且秘而不宣，各生产厂家均视为机密。仅日本就有数家企业生产不同配方的咖喱粉，且都有自己的固定顾客群。咖喱粉虽然诸家配方、工艺不一，但就其香辛料构成来看有10～20余种，并可分为赋香原料、赋辛辣原料和赋色原料三个类型。赋香原料，如肉豆蔻及其衣、芫荽、枯茗、小茴香、豆蔻、众香子、月桂叶等；赋辛辣原料，如胡椒、辣椒、生姜等；赋色原料，如姜黄、郁金、陈皮、番红花、红辣椒等。一般赋香原料占40%，赋辛辣原料占20%，赋色原料占30%，其他原料占10%。其中姜黄、胡椒、芫荽、姜、番红花为主要原料，尤其是姜黄更不可少。咖喱粉因其配方不一，又可分为强辣型、中辣型、微辣型，各型中又分高级、中级、低级三个档次，颜色金黄至深色不一，其香浓郁。

这里介绍一种咖喱粉加工的基本方法及配方。

（1）主要设备　烘干设备、万能粉碎机、搅拌混合设备、万能磨碎机、包装机。

（2）配方　表3-1为常见的咖喱粉配方。根据原料特点，可自行调整配方。

表3-1　咖喱粉配方　　　　%（质量分数）

原料名	配方1	配方2	配方3	配方4	配方5	配方6	配方7	配方8
芫荽	24	22	26	27	37	32	36	36
豆蔻	12	12	12	5	5	—	—	—

续表

原料名	配方 1	配方 2	配方 3	配方 4	配方 5	配方 6	配方 7	配方 8
枯茗	10	10	10	8	8	10	10	10
葫芦巴	10	4	10	4	4	10	10	10
辣椒	1	6	6	4	4	2	5	2
小茴香	2	2	2	2	2	4	—	—
姜	—	7	7	4	4	—	5	2
丁香	4	2	2	2	2	—	—	—
多香果	—	—	—	4	4	—	4	4
胡椒(白)	5	5	—	4	—	10	—	5
胡椒(黑)	—	—	5	—	4	—	5	—
桂皮	—	—	—	4	4	—	—	—
芥子(黄)	—	—	—	—	—	—	5	3
肉豆蔻干皮	—	—	—	2	2	—	—	—
姜黄	32	30	20	30	20	32	20	28

注：配方 1 印度型；配方 2 印度型，辛辣；配方 3 印度型，辛辣；配方 4 高级，辛辣适中；配方 5 高级，辛辣适中；配方 6 中级，辛辣；配方 7 中级，适中；配方 8 低级，适中。

(3) 工艺流程

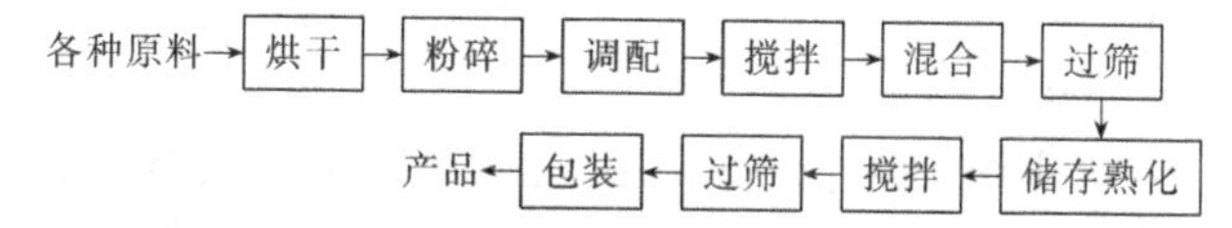

(4) 操作要点

① 烘干　烘干时咖喱粉的水分含量在 5%～6%，配方中的每种原料都应适当烘干，以控制水分，并便于粉碎。

② 粉碎　将各种原料分别进行粉碎，对油性较大的原料可进行磨碎，有些原料通过炒制可增加香味，粉碎后可炒一下，然后过 60 目或 80 目筛。

③ 混合　按配方称取各种原料于搅拌混合机中，混合配方中的粉料，在搅拌的同时洒入液体调味料。由于各种原料密度不相同，加入量不同，不易混合均匀，应采用等量稀释法逐步混合。质轻的原料不易混合均匀，可先将液体调味料与质轻的原料先混合，再投入到大量原料中去。

④ 储存熟化　混合好的咖喱粉放在密封容器中，储存一段时

间，使风味柔和、均匀。

⑤ 过筛、包装　包装前再将咖喱粉搅拌混合过筛，对于含液体调味料较多的产品，还应进行再烘干，然后包装即为产品。

（5）质量标准　黄褐色粉末，无结块现象，辛辣柔和带甜，水分＜6％。

（6）注意事项

① 各种原料要分清，不得有误，严格按配方进行称取，每种原料粉碎后都要清扫粉碎设备。

② 咖喱粉的质量与参配原料质量有关，而粉碎、焙炒、熟化等工艺过程对产品也有很大的影响，上述工艺应严格按要求实施。

2. 五香粉

五香粉也称五香面，是将5种或5种以上香辛料干品粉碎后，按一定比例混合而成的复合香辛料。

五香粉是我国最常使用的调味品之一，市售五香粉配方、口味均有较大差异，各生产厂家均有各自配方，且都保密。但其主要调香原料大体有八角、桂皮、小茴香、砂仁、豆蔻、丁香、山柰、花椒、白芷、陈皮、草果、姜、高良姜等。

（1）主要设备　烘干设备、万能粉碎机、搅拌混合设备、万能磨碎机、包装机。

（2）配方　表3-2为常见的五香粉配方。

表3-2　五香粉配方　　　　％（质量分数）

香辛料	配方一	配方二	配方三	配方四	配方五	配方六	配方七	配方八	配方九
八角	10.5		31.3	55		20		15	20
桂皮	10.5	10	15.6	8	9.7	43	12	16	10
小茴香	31.6	40	15.6		38.6	8		10	8
丁香	5.3	10			9.6		22	5	4
甘草	31.6	30		5	28.9			5	2
花椒		10	31.3		9.6	18		10	5
山柰				10	3.6		44	4	3
砂仁				4			11	4	6
白胡椒				3				6	4
陈皮						6		5	5

续表

香辛料	配方一	配方二	配方三	配方四	配方五	配方六	配方七	配方八	配方九
豆蔻							11	8	10
干姜				15		5		2	5
芫荽								6	4
高良姜								2	4
白芷								2	5
五加皮	10.5		6.2						5

（3）工艺流程

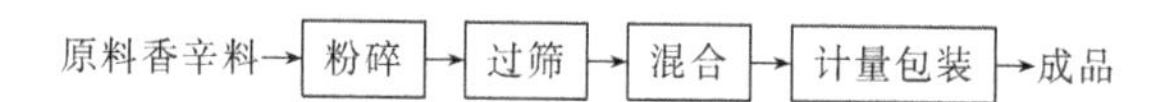

（4）操作要点

① 粉碎、过筛　将各种香辛料原料分别用粉碎机粉碎，过 60 目筛网。

② 混合、计量包装　按配方准确称量投料，混合均匀。50g/袋，采用塑料袋包装。用封口机封口，谨防吸湿。

（5）质量标准　均匀一致的棕色粉末，香味纯正，无结块现象，无杂质。菌落总数≤500CFu/g；大肠杆菌<3MPN/g；致病菌不得检出。

（6）注意事项

① 各种原料必须事先检验，无霉变，符合该原料的卫生标准。

② 如发现产品水分超过标准，必须干燥后再分袋；若原料本身含水量超标，也可先将原料烘干后再粉碎。产品的水分含量要控制在 5%以下。

③ 生产时也可将原料先按配方称量准确后混合，再进行粉碎、过筛、分装；但不论是按哪一种工艺生产，都必须准确称量、复核，使产品风味一致。

④ 如产品卫生指标不合格，应采用微波杀菌干燥后再包装。

3. 十三香

十三香是指以 13 种或 13 种以上香辛料，按一定比例调配而成的粉状复合香辛料。过去多见于民间，今亦有市售，其配方、口味有较大差异。其香辛料构成有八角、丁香、花椒、云木香、陈皮、肉豆蔻、砂仁、小茴香、高良姜、肉桂、山柰、草豆蔻、姜等。十三香风味较五香粉更浓郁，调香效果更明显。

（1）主要设备　烘干设备、万能粉碎机、搅拌混合设备、万能磨碎机、包装机。

（2）配方　表3-3为常见的十三香的配方。

表3-3　十三香配方　　%（质量分数）

香辛料	配方一	配方二	配方三	配方四	配方五	配方六	配方七	配方八	配方九
八角	15	20	25	30	50	40	35	10	17
丁香	5	4	3	5	3	7	8	4	6
花椒	5	3	8	4	7	12	10	11	15
云木香	4	5	4	3	2	1	4	3	5
陈皮	4	4	2		2	3	2	4	2
肉豆蔻	7	8	5	3	3	2	4	5	3
砂仁	8	7	6	5	4	5	8	6	3
小茴香	10	12	8	10	9	7	10	30	15
高良姜	6	5	7	4	4	3	5	4	5
肉桂	12	10	9	12	8	8	9	10	12
山柰	7	8	6	7	2	3	2	3	4
草豆蔻	8			5	2	3	2	4	10
姜	9	8	10	8	4	3	1	6	3
草果		6	7	4		3			

（3）工艺流程

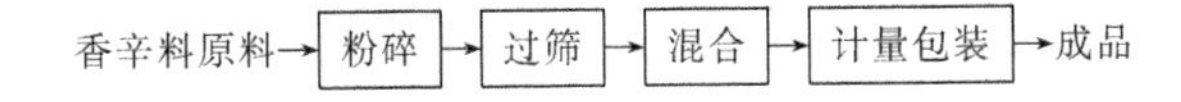

（4）操作要点

① 粉碎、过筛　将各种香辛料原料分别用粉碎机粉碎，过60目筛网。

② 混合、计量包装　按配方准确称量投料，混合均匀。50g/袋，采用塑料袋包装。用封口机封口，防止吸湿。

（5）质量标准　浅黄色粉末，具有浓郁的十三香风味。

（6）注意事项

① 购进原料后必须充分晒干或烘干，粉碎过筛。各种原料必

须事先检验，无霉变，符合该原料的卫生标准。

② 生产时也可将原料先按配方称量准确后混合，再进行粉碎、过筛、分装；但不论是按哪一种工艺生产，都必须准确称量、复核，使产品风味一致。如发现产品水分超过标准，必须干燥后再分袋；若原料本身含水量超标，也可先将原料烘干后再粉碎。产品的水分含量要控制在5%以下。

③ 每种原料粉碎后应分别存放，以免混放在一起时易发生串味现象。

4. 七味辣椒粉

七味辣椒粉是一种日本风味的独特混合香辛料，由7种或7种以上香辛料混合而成。它能增进食欲、助消化，是家庭辣味调味的佳品。

（1）主要设备　粉碎机、烘干箱、粉料包装机。

（2）配方　表3-4为常见的七味辣椒粉配方。

表3-4　七味辣椒粉配方 单位：%（质量分数）

香辛料	配方一	配方二	配方三
辣椒	50	55	50
大蒜粉	12		
芝麻	12	5	6
陈皮	11	15	15
花椒	5	15	15
大麻仁	5	4	4
紫菜丝	5		2
油菜子		3	3
芥子		3	3
紫苏子			2

（3）工艺流程

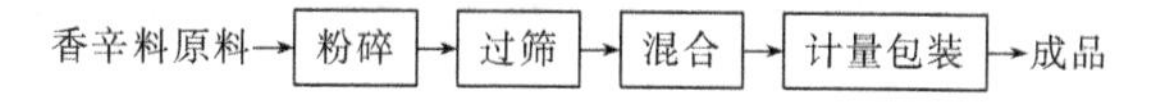

（4）操作要点

① 粉碎、过筛　干燥的红辣椒皮与籽分开，辣椒皮粗粉碎，辣椒籽粉碎过40目筛。陈皮与辣椒粉碎过60目筛。

② 混合、计量包装　将粉碎后的原料与芝麻、大麻仁、芥子、油菜子按配方准确称量，混合均匀，用粉料包装机装袋。

(5) 质量标准　红色颗粒状，有辛辣味和芳香味，无结块现象。

(6) 注意事项

① 红辣椒皮不可粉碎过细，成碎块即可，以增强制品的色彩。

② 红辣椒必须选择色泽鲜红、无霉变的优质辣椒。

③ 所用其他原料必须符合卫生标准，产品的含水量不可超过6%。

④ 成品一般采用彩色食品塑料袋分量密封包装。有条件的采用真空铝箔袋包装更好。规格一般以25～50g/袋，100～200袋/箱为宜。

⑤ 七味辣椒的整个加工制作过程，要树立无菌观念，严格遵守食品卫生法操作规程进行操作。包装的严密直接关系到产品的质量，封口时要封得严密牢靠。

⑥ 七味辣椒的成品粉料易吸潮变质。配制成品粉料要根据当班实际包装数量而配制，若包装不完，要采取有效的防潮措施，进行密封保存。

⑦ 为了保证包装袋的封口严密，除包装袋装成品粉料时要清洁干爽外，还要避免包装袋的封口沾上成品粉料。

(二) 香辛料调味油

从香辛料中萃取其呈味成分于植物油中便可获得系列香辛料调味油制品，如姜油、花椒油、辣椒油、大蒜油、芥末油等。香辛料精油一般生产成本高、售价贵，难以直接进入家庭消费，而且纯精油浓度太高，对于家庭烹调使用量也难于控制，根据香辛料精油风味的浓烈度，用精炼植物油稀释成0.5%～2.0%的风味型调味油，以供家庭使用。将多种香辛料精油科学组合可配制成风味各异的风味型调味油。

香辛料调味油兼有油脂、调味品功能，营养丰富，风味独特，使用方便。和水溶性的调味汁相比较，它是以油脂作为风味成分的载体，其风味成分具有一定的脂溶性。根据研究，人的味觉受体分布在脂质膜上，风味成分要有一定的脂溶性才能进入味受体。因此风味成分通过油脂的运载作用更容易进入味受体，产生味觉信息。另外风味成分以油脂为载体更易进入肉类组织。

下面举例介绍几种香辛料调味油的加工方法。

1. 辣椒油

辣椒油是以干辣椒为原料，放入植物油中加热而成。可作为调味料直接食用，或作为原料加工各种调味料。

(1) 主要设备　夹层锅或铁锅、多切机。

(2) 配方　植物油与干辣椒的质量比为 3∶10，辣椒红少量。

(3) 工艺流程

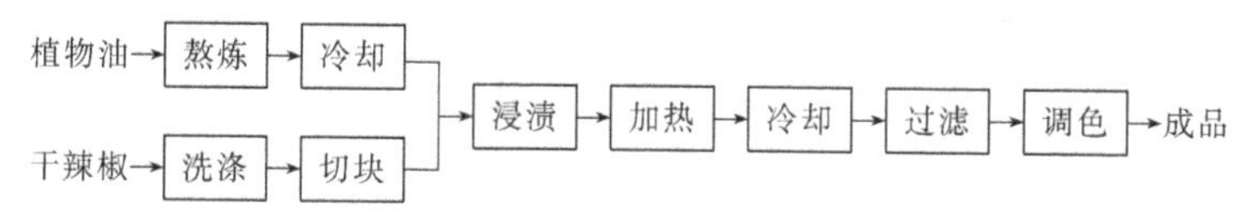

(4) 操作要点

① 干辣椒选择　选用含水量在 12%以下的红色干辣椒。要求辛辣味强，无杂质，无霉变。

② 熬炼　将新鲜植物油加热至沸熬炼，使不良气味挥发后，冷却至室温。

③ 洗涤、切块　挑出杂质的干辣椒，用清水洗净、晾干，切成小碎块。

④ 浸渍、加热　将碎辣椒放入冷却油中，不断搅拌，浸渍 30min 左右。然后缓缓加热至沸点，熬炸至辣椒微显黄褐色，停止加热。

⑤ 冷却、过滤、调色　捞出辣椒块，待辣椒油冷却至室温后过滤，加少许辣椒红调色，即为成品。

(5) 质量标准　鲜红或橙红色，澄清透亮，有辣油香，无哈喇味。

(6) 注意事项　过滤后的辣椒油可静置一段时间，进行澄清处理。所用植物油不得选用芝麻香油。也可将辣椒和其他香辛料如葱、姜、花椒、八角、桂皮等一起用植物油浸提，制备辣椒风味调味油。

2. 芥末油

芥末油是以黑芥子或者白芥子经加工而得来的一种调味油，以独特的刺激性气味和辛辣香味而受到人们的欢迎，具有解腻爽口、增进食欲的作用。目前国内生产芥末油工艺主要有两种：一种是静态蒸馏法，采用蒸馏酒的原理及设备，将芥菜子粗粉碎，炒拌，静态蒸馏，取其精油，然后再用植物油勾兑；另一种是动态蒸馏法，将芥菜子粉碎，经水发制，放在带搅拌及冷凝器的不锈钢反应釜中动态水蒸气蒸馏，馏出物用植物油萃取，精制后即为成品。后者提取精油得率比前者高。

无论采用哪种工艺，其原理均为芥菜子粉碎后，在水中保持一定的温度水解，芥末中的前体物质芥子苷在芥子酶的催化下产生强烈的辛辣刺激味（这些物质为烷基异硫氰酸酯），然后蒸馏出芥末精油——芥子油。

（1）静态蒸馏法

① 主要设备　恒温水浴锅、磨碎机、蒸馏器、油水分离机、浸泡容器、调配容器、灌装机、贴标机、包装机。

② 配方　植物油 99%，芥末精油 0.1%～1%。

③ 工艺流程

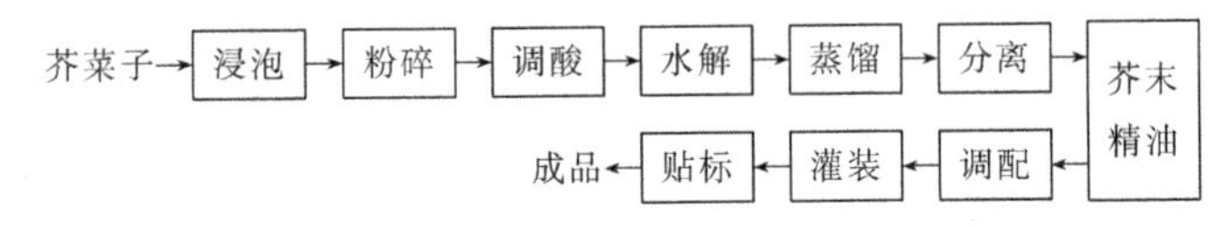

④ 操作要点　选择籽粒饱满、颗粒大、颜色深黄的芥菜子为原料。将芥菜子称重，加入 6～8 倍 37℃左右的温水，浸泡 25～35h。浸泡后的芥菜子放入磨碎机中磨碎，磨得越细越好，得到芥末糊。用白醋调整芥末糊的 pH 值为 6 左右。将调整好 pH 值的芥末糊放入水解容器置恒温水浴锅中，在 80℃左右保温水解 2～2.5h。将水解后的芥末糊放入蒸馏装置中，采用水蒸气蒸馏法，将辛辣物质蒸出。蒸馏后的馏出液为油水混合物，用油水分离机将其分离，得到芥末精油。将芥末精油与植物油按配方比例混合搅拌

均匀，即为芥末油。将芥末油灌装于预先经清洗、消毒、干燥的玻璃瓶内，贴标、密封，即为成品。

（2）动态蒸馏法

① 主要设备　不锈钢反应釜、冷凝器、萃取罐、收集器。

② 工艺流程

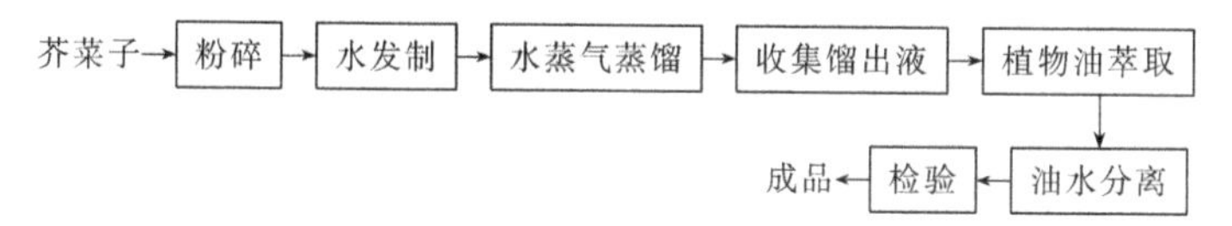

③ 操作要点　芥菜子粉碎时必须干燥，无草根和砂土等，最好现用现磨，不要受潮，应该放在干燥处，其粉碎粒度为30目。在0.5m^3不锈钢反应釜中加入300kg水，然后在搅拌下少量多次加入150kg芥末粉，到其为炭状物时继续搅拌约5min。盖严釜盖，75℃保温2h，需间歇搅拌多次。向反应釜中输入蒸汽，经蒸汽夹带芥子油与蒸汽混合蒸出，通过冷凝器后变成蒸馏水一起流出。预先放入收集萃取罐中50kg植物油，得芥子油蒸馏水混合物300kg。搅拌萃取使芥子油完全溶于植物油，一般搅拌0.5h。搅拌萃取后，将油水混合物静置，油水分层，用虹吸法将水抽出或用离心式分离机进行分离，即为成品。

（3）质量标准　芥末油应为浅黄色油状液体，具有极强的刺激辛辣味及催泪性。

（4）注意事项

水解应在密闭容器中进行，避免辛辣物质挥发逸失，影响产品质量。蒸馏时尽量使辛辣物质全部蒸出，减少损失。芥末油应放在阴凉避光处，避免与水接触，否则易发生化学反应，影响产品质量。

3. 大蒜油

大蒜油中的主要成分是硫醚类化合物，包括烯丙基丙基二硫化物、二烯丙基二硫化物、二烯丙基三硫化物、大蒜素等，对一般健康及心脏血管的健康很有帮助。

（1）主要设备　脱皮机、离心机、磨碎机、蒸馏器、调质锅。

（2）配方　菜籽油与大蒜的比例为 20∶3，菜籽油的数量包含了破碎大蒜时加入的食用油量。

（3）工艺流程

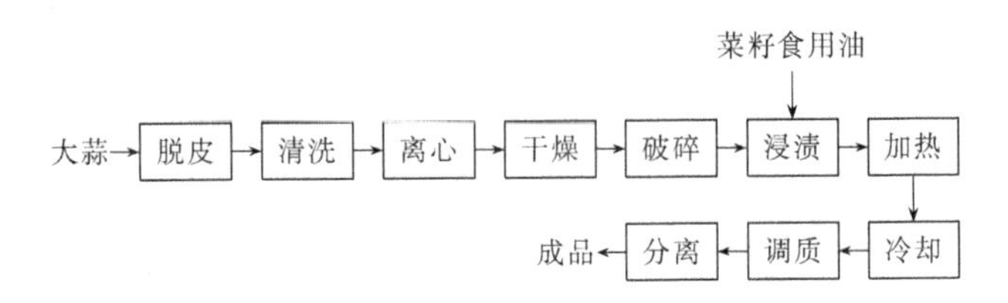

（4）操作要点

① 脱皮、清洗、离心、干燥　选择蒜味浓郁的独头蒜或其他品质较好、味浓、成熟度俱佳的大蒜为风味料。蒜瓣用稀碱液浸泡处理，至稍用力即脱皮。然后送入脱皮机内将蒜皮去净。光蒜瓣用温水反复清洗，然后用离心分离机甩干表面水分，稍摊晾或烘干一下，至蒜瓣表面无水分。

② 破碎　将晾干的光蒜瓣送入齿条式破碎机中进行破碎。为便于破碎操作，可边送入大蒜，边混入一些食用油，以防止破碎机堵塞并减少蒜味挥发。

③ 浸渍、加热、冷却、调质　将破碎后的大蒜混合物置入盘管式加热浸提锅中，并同时加入浸提的食用植物油。按比例加好食用油后，充分拌匀。接着进行间接加热，同时不断搅拌，加热至混合体温度达 95℃左右，并保持温度至水分基本蒸发掉，再加热至 145℃左右，保持 8min，即通入冷却水将混合物冷却降温至 70℃，将油混合物打入调质罐，保温 12h，再将物料冷却至常温，将冷却物料送入分离机分离除去固体物，收集液体油即是大蒜风味调味油。

（5）质量标准　具有浓郁的蒜香味，口感良好，无异味，色泽为浅黄色至黄色澄清透明油状液体，允许有微量析出物（振荡即消失），无外来杂质。

4. 花椒油

花椒油是一种从花椒中提取出呈香、呈味物质于食用植物油中的产品。花椒油保持了花椒原有香、麻味，具有花椒本身的药理保健作用，食用方便，用途多样。

(1) 主要设备　脱皮机、离心机、磨碎机、蒸馏器、调质锅。

(2) 配方　菜籽油与花椒的比例为10∶1。

(3) 工艺流程

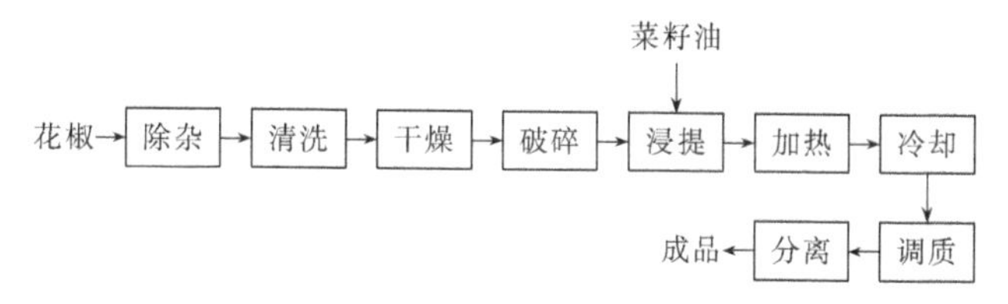

(4) 操作要点

① 除杂、清洗、干燥　选用成熟的花椒，除去花椒籽、灰尘等其他杂质，如有必要用水淘洗，则洗后应甩去表面水分并干燥。

② 破碎　将花椒以粉碎机破碎至20～30目，颗粒状。

③ 浸提、加热、冷却、调质、分离　将精制好的植物油（如菜籽油）加入提制罐中，用大火加热至110～130℃，熬油直至无油泡，将花椒末浸入热油中，提制罐密闭保持一段时间，让花椒风味尽可能多地溶于油中。将混合料降温至约70℃，送入调质锅中保温调质12h，最后离心。用分离机将油中的花椒末分离除去，即得到花椒风味调味油。如油中含有水分，则应加热除尽水分，最后冷却至常温，才可成为成品油。

(5) 质量标准　花椒油为浅黄色至棕黄色澄清透明油状液体，具有花椒特有的香味和麻味，口感良好，无异味。

5. 生姜调味油

(1) 主要设备　切菜机、压榨机、蒸馏器。

(2) 配方　菜籽色拉油100kg、鲜老姜45kg、精盐3kg。

(3) 工艺流程

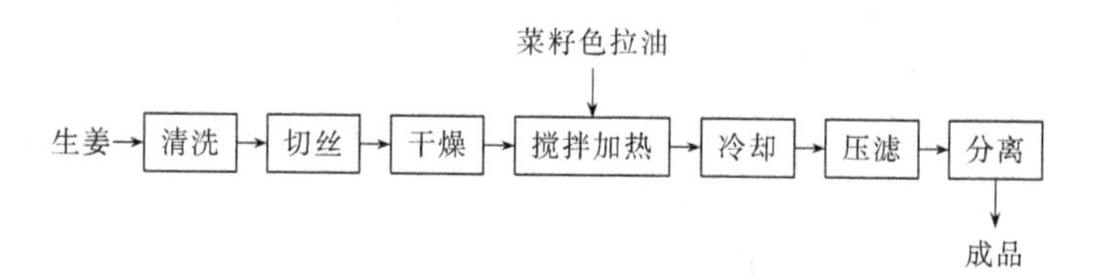

(4) 操作要点　将鲜老姜洗净，用切菜机切成姜丝，摊晾晒至半干（或在烘房于60℃以下烘至半干）。色拉油加热至130℃，缓慢加入姜丝、食盐，恒温110～120℃，搅拌40～50min，待姜丝基本脱水、酥而不焦煳时为止。连油带渣放出夹层锅，降温至60℃。吸取上面的油压滤，即得具有姜香味、姜辣味的黄色透明的姜味调味油。剩下的姜丝装入布袋，趁热用螺旋压榨机压榨出油。

(5) 质量标准　生姜调味油为黄色至橙黄色油状澄明液体，具有浓郁的生姜特征香气和辣味。

6. 复合香辛料调味油

复合香辛料调味油具有多种香辛料的风味和营养成分，集油脂和调味于一体，独到方便。风味原料选用数种香辛料，油脂采用纯正、无色、无味的大豆色拉油或菜籽色拉油，以油脂浸提的方法制成。

(1) 主要设备　过滤机、磨碎机、蒸馏器、调质机。

(2) 配方　风味原料可选择茴香、肉桂、甘草、丁香等，其配方组成如下（以1000kg原料油脂为例）：茴香10～16kg，肉桂3～5kg，甘草5～8kg，花椒1～3kg，丁香1～3kg，肉豆蔻1～2kg，白芷1～2kg。

(3) 工艺流程

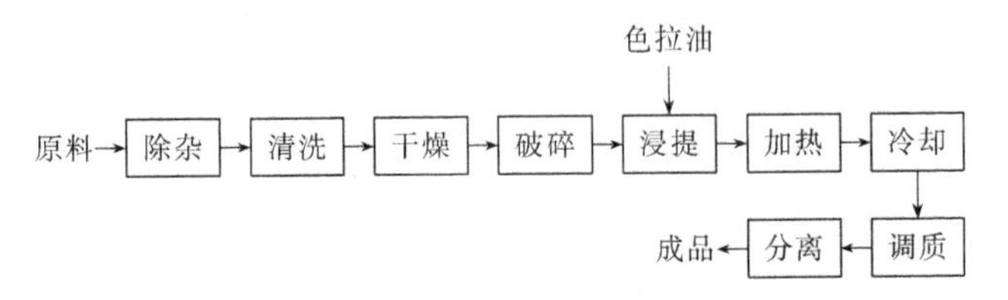

(4) 操作要点　先将各香辛料筛选除杂、干燥处理。如果采用鲜料，则应洗净并除去表面水分。原料应选用优质料，去除霉变和伤烂部分。用粉碎机对茴香、山柰、胡椒等硬质料进行破碎，使粉碎粒度介于0.1～0.2mm，过40目筛。

将色拉油打入提制锅中，并加热升温到风味浸提温度，放入茴香、花椒、肉桂等。如有新鲜原料加入，则应等前面的料浸提一定时间后，最后加入鲜料，再浸提 10min，全过程温度不应超过 90℃。浸提完毕将混合物冷却降温至 70℃左右，送入调质锅保温调质 12h，接着用板框过滤机过滤将固体物除去（滤出的固体物可用压榨机压榨处理，使油脂全部榨出并回收），得到提制粗油。当风味料含有鲜料时，粗油应进行真空脱水干燥，脱水温度 50℃左右，真空度 90kPa 以上，搅拌下干燥 10h（至水分含量符合安全要求）。

7. 川味调味油

川味调味油是烹饪过程中常用的辣味调味油，色泽浅黄，具有天然香辛料与油脂的正常气味。川味调味油的制作工艺简单，成品油香辣可口，十分受欢迎。剩下的香辛料油炸残渣，可细磨后添加生产川味麻辣酱。

（1）主要设备　筛法粉碎机、切菜机、压榨机、蒸馏器、夹层锅。

（2）配方按 100kg 基础植物油计，见表 3-5。

表 3-5　川味调味油配方　　单位：kg

原料	配方 1	配方 2	配方 3
辣椒	5.0	2.0	5.0
花椒	1.0	4.0	15.0
八角	0.5	0.5	
茴香	0.2	0.2	
桂皮	0.2	0.2	
姜粉	0.4	0.4	
鲜大蒜	6.0	2.0	
鲜老姜	1.0	4.0	
香葱	5.0	3.0	
食盐	3.0	3.0	1.0
酱油	2.0	1.0	1.0
豆豉		1.0	2.0
芝麻			5.0
五香粉			1.0

(3) 工艺流程

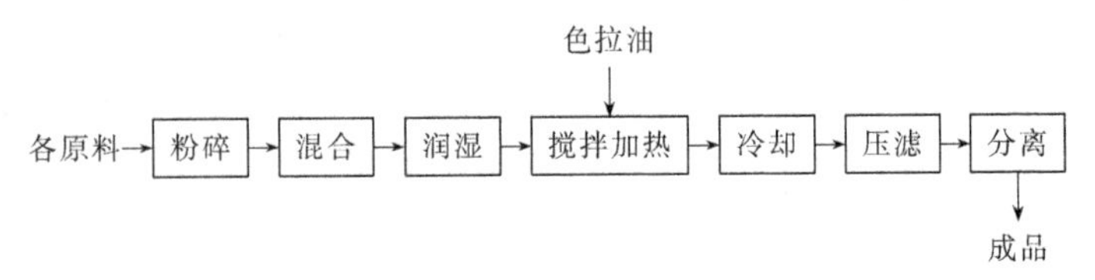

(4) 操作要点　将辣椒干用直径4mm的筛片粉碎机粗碎，大蒜用切菜机切成蒜片，生姜切姜丝，晾晒至半干（或在烘房于60℃以下烘至半干）。葱白洗净，晾干水气，切段备用。其他香辛料混合细碎成80目，与食盐混匀，用酱油加适量水润湿4h。将色拉油加热至130℃，放入香葱油炸片刻，再缓慢加入姜丝、蒜片，恒温110～120℃，断续搅拌约10min。至蒜片、葱白微黄时加入润湿的香辛料混合物，继续恒温浸提约30min，待油面水泡变小、稀少，蒜片、姜丝脱水发黄、酥而不焦煳时连油带渣放出夹层锅。等油温降至60℃，吸取上面油泵入压滤机压滤，装箱密封即可。

(5) 应用　川味调味油不仅可用于炒菜、烧菜，还可用于餐桌调味，麻辣风味浓郁，使用方便。

8. 香辣调味油

制作香辣调味油的理念来自于厨师烹制川菜的一般手法，体现了传统烹饪技艺理念与现代工业手段相结合的特点。香辣调味油的生产均采用天然原料，不添加任何防腐剂，具有麻辣香等特点，香气扑鼻，诱人食欲。

(1) 主要设备　压榨机、蒸馏器、夹层锅、粉碎机。

(2) 配方按100kg基础植物油计，见表3-6。

表3-6　香辣调味油配方　　单位：kg

原料	配方1	配方2
辣椒干	18.0～20.0	8.0～10.0
花椒	0.5	
八角	1.0	
咖喱粉		1.0
姜	0.8	
食盐	3.0	2.0
酱油	5.0	1.0

续表

原料	配方 1	配方 2
豆豉		3.0
芝麻	4.0	2.5
五香粉		1.5

（3）工艺流程　同川味调味油。

（4）操作要点　将辣椒干用直径 4mm 的筛片粉碎机粗碎，八角、花椒、姜混合粉碎成 80 目，混合后加食盐、酱油和适量水充分润湿，以手捏成团而指间不滴水为度，放置 3～4h。将色拉油用带电动搅拌器的蒸汽夹层锅加热至 130℃，在搅拌中（转速 45r/min）缓慢加入润湿的配料及炒香破碎的芝麻面。油温控制在 110～120℃之间，恒温提取约 30min，见油面水泡变小、稀少且辣油红润、辣味足，则连油带渣放出夹层锅。待油温降至 60℃，吸取上面的香辣油，泵入板框压滤机压滤，装瓶密封，即得色泽深红、晶莹剔透、色香味俱佳的香辣油。

（5）质量标准　黄褐色至褐色液体，协调的麻辣香气和肉香，无异味。脂肪含量≤30.0%。

（6）注意事项　剩下的辣椒渣是生产辣椒酱的极好原料。香辣油收率一般为 85%～90%。

9. 香辣烹调油

在烹制鸡鸭鱼肉菜肴时，为了增进菜肴风味和消除原料中的腥膻气味，往往在烹调时添加生鲜的大蒜、葱及茴香、花椒之类香辣调味品，特别是中式菜肴烹调十分重视这种调味技术。如果将各种香辣调味品按一定的配比添加于食用油中，使香辣味有效成分溶于食油，制成香辣烹调油，烹制菜肴时加入，就可以制得各种美味可口的菜肴。

（1）主要设备　切菜机、压榨机、蒸馏器、夹层锅、粉碎机。

（2）配方　生菜油 1L、茴香 10～30g、花椒 5～15g、葱 40～80g、大蒜 30～60g、姜 10～50g。

（3）工艺流程　同川味调味油。

（4）操作要点　将各原料粉碎成 80 目，混合后加食盐、酱油和适量水充分润湿，以手捏成团而指间不滴水为度，放置3～4h。将色拉油用带电动搅拌器的蒸汽夹层锅加热至130℃，在搅拌中（转速45r/min）缓慢加入润湿的配料。油温控制在110～120℃之间，恒温提取约30min，见油面水泡变小、稀少且辣油红润、辣味足，则连油带渣放出夹层锅。待油温降至60℃，吸取上面的香辣油，泵入板框压滤机压滤，装瓶密封，即得香辣烹调油。

（5）质量标准　黄褐至褐色液体，协调的麻辣香气，无异味。

10. 肉香味调味油

肉香味调味油是一种具有肉香味，且保存了生姜和鲜葱中原有的活性成分的调味油。

（1）主要设备　粉碎机、蒸馏器、离心机。

（2）配方（以每100kg色拉油计）　八角粉1.5kg、肉桂粉0.8kg、甘草粉0.6kg、茴香粉0.33kg、花椒粉0.3kg、肉豆蔻0.2kg、白芷0.1kg、砂姜粉0.21kg、丁香粉0.1kg、鲜葱4.0kg、鲜姜1.5kg。

（3）工艺流程　同川味调味油。

（4）操作要点　将鲜葱、鲜姜清洗，切碎投入到加热至120～125℃的大豆色拉油中，炸至微黄。然后加入其他香辛料粉，在120～125℃恒温10～20min，冷却至60℃以下，离心过滤，分装，得到成品肉香味调味油。

（5）质量标准　该产品色泽橙黄，具有浓郁的炸鸡风味。

11. 香辛料强化剂

香辛料强化剂是以某个香辛料为主，辅以其他香辛料（均为食用香料）或香辛料来增加其香气强度或留香能力，弥补这些香辛料在加工过程中易挥发成分的损失，以增加仿真程度和降低成本的一种较简单的香辛料混合物。其中所用香辛料大都采用精油或油树脂形式。

（1）姜油类

① 姜油强化剂-1（g）　姜油10.0、橙叶油0.5、乙酸乙酯3.0、茶油84.0、丁香油0.5、丁酸戊酯2.0。

② 姜油强化剂-2（g）　姜油35.0、姜黄精油10.0、β-倍半水

芹烯10.0、红没药烯8.0、莰烯6.0、桉叶素2.0、β-水芹烯3.0、乙酸龙脑酯0.5、香叶醇0.3、2-壬酮0.2、橙花醛0.2、癸醛0.1。

(2) 花椒油强化剂(g) 花椒油10.0、芫荽籽油1.0、大茴香油0.25、芳樟醇(90%)1.25、姜油0.25、月桂叶油0.25、食用酒精(96%)87.0。

(3) 小茴香油强化剂(g) 小茴香油84.5、肉桂皮油2.5、辣椒油树脂3.75、众香子油2.5、丁香油2.5、月桂叶油1.25、芥菜籽油1.25、蒜油1.75。

(4) 蒜油类

① 蒜油强化剂-1(g) 蒜油18.0、二烯丙基硫醚1.75、二甲基硫醚0.04、醋酸(纯,食用级)0.06、烯丙基硫醇0.1、硫氰酸丁酯0.1、橘皮油80.0。

② 蒜油强化剂-2(g) 二烯丙基三硫醚30.0、二烯丙基二硫醚30.0、蒜油25.0、二烯丙基硫醚15.0。

(5) 众香子风味强化剂(g) 众香子粉19.0、众香子叶油树脂1.0、姜粉2.0、抗结块剂0.5、抗氧化剂0.01。

(6) 芫荽子油强化剂(g) 芳樟醇74.0、2-莰酮5.0、对伞花烃2.0、γ-松油醇6.0、α-蒎烯3.0、柠檬烯2.0、2-癸烯10.0、乙酸香叶酯2.0、芫荽子油16.0。

(7) 肉桂油类

① 肉桂油强化剂-1(g) 肉桂油7.6、石竹烯3.0、乙酸肉桂酯5.0、α-松油醇0.7、桉叶素0.6、肉桂醛76.0、丁香酚4.0、芳樟醇2.0、香豆素0.7、α-松油醇0.4。

② 肉桂油强化剂-2(g) 肉桂油5.0、丁香酚80.0、石竹烯6.0、乙酸桂酯2.0、肉桂醛3.0、异丁香酚2.0、芳樟醇2.0。

③ 斯里兰卡肉桂油强化剂(g) 肉豆蔻油3.4、小豆蔻油1.0、斯里兰卡肉桂油5.0、苯丙醇1.35、苯甲醇11.4、姜油0.7、黑胡椒油3.0、月桂叶油2.05、众香子油4.0、丁香油11.4、肉桂醛56.0、愈创木油0.7。

(8) 莳萝籽油强化剂(g) 莳萝籽油15.0、α-水芹烯25.0、香芹酮35.0、柠檬烯25.0。

(9) 肉豆蔻油强化剂 (g) 肉豆蔻油 12.0、α-蒎烯 21.0、肉豆蔻醚 10.0、γ-松油醇 4.0、柠檬烯 3.0、黄樟素 2.0、桧烯 22.0、β-蒎烯 12.0、α-松油醇 8.0、香叶烯 3.0、桉叶素 3.0。

(10) 迷迭香油强化剂 (g) 迷迭香油 14.0、桉叶素 20.0、莰烯 7.0、龙脑 5.0、乙酸龙脑酯 3.0、α-蒎烯 20.0、2-莰酮 18.0、β-蒎烯 6.0、香叶烯 5.0、α-松油醇 2.0。

(11) 八角油强化剂 (g) 八角油 2.7、柠檬烯 8.0、芳樟醇 0.8、大茴香醛 1.0、甲基黑椒酚 0.5、茴香脑 87.0。

(三) 香辛料调味汁

香辛料调味汁的种类各不相同，但共同的特点是增鲜，能使淡而无味的原料获得鲜美的滋味。香辛料调味汁能改变和确定菜肴的滋味，其中香辛料可消除原料中的异味，消费者可以根据自己的习惯使用不同的调味汁，达到满意的效果。

1. 辣椒汁

辣椒汁是以辣椒为主要原料生产制作的蔬菜类辛香调味汁，主要由鲜辣椒、白砂糖、食盐、大蒜和水等调配而成。

(1) 主要设备 磨碎机或捣碎机、搅拌调配罐、胶体磨、夹层锅、灌装机。

(2) 配方 辣椒 40kg，食盐 10kg，明矾 0.05kg，苹果 10kg，洋葱 1.5kg，生姜 2kg，大蒜 0.2kg，白糖 2.5kg，味精 0.2kg，冰醋酸 0.15L，柠檬酸 0.4kg，增稠剂 0.2～0.5kg，香蕉香精 5kg，山梨酸钾 0.1kg，肉桂 50g，肉豆蔻 25g，胡椒粉、丁香各 100g。

(3) 工艺流程

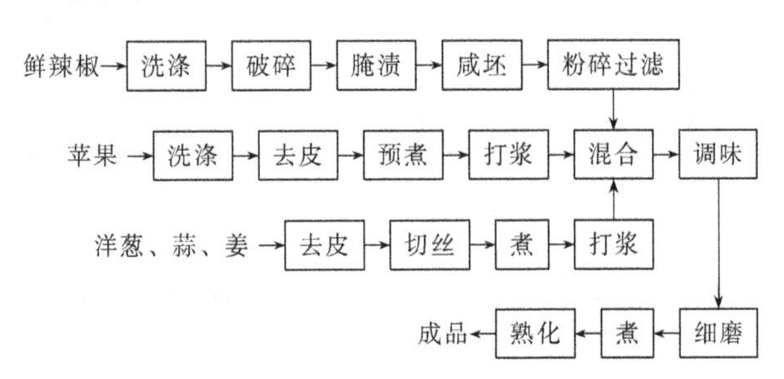

(4) 操作要点　选用色泽红艳、肉质肥厚的鲜辣椒，最好选用既甜又辣的灯笼辣椒。将辣椒洗净，沥干水分，摘去蒂把，用人工或机械把辣椒破碎成1cm左右的小块。每100kg辣椒用食盐20～25kg腌渍，并加入0.05kg明矾。前3天每天倒缸1次，后3天每天打耙1次，6天即成。用时将辣椒咸坯磨成糊。

苹果洗净，去皮，挖去果心，放入2%食盐水中。然后放进沸水中煮软，连同水一同倒入打浆机打浆。洋葱、大蒜、生姜去掉外皮，切成丝，煮制，捣碎成糊状。各种香辛料加水煮成汁备用。

先将辣椒与苹果糊充分混合搅拌，再加入各种调味料、调味汁及溶化好的增稠剂，最后加入香精及防腐剂。将配好的料经胶体磨使其微细化，成均匀半流体，放入密封罐中，储存一段时间，使各种原料进一步混合熟化。

(5) 质量标准　为红黄色，鲜艳夺目，半流体，不分层，均匀一致。鲜甜、酸咸适口，略有辛辣味。具有混合的芳香气味。

(6) 注意事项　鲜辣椒可以大批腌成咸坯，以便以后陆续加工用。鲜姜不易破碎，可与其他香辛料同煮取汁。

2. 芥末汁

芥末汁主要以干芥末粉为原料，再配以其他调味料，辛辣解腻，为调味佳品。

(1) 主要设备　瓦罐、保温设备、冰箱或冷藏柜。

(2) 配方　干芥末粉500g，醋精20g，精盐25g，白砂糖50g，白胡椒粉5g，生菜油50g，开水500g。

(3) 工艺流程

干芥末粉→过筛→调成酱→保温→调味→冷藏→成品

(4) 操作要点　将芥末粉过筛，放入瓦罐内，冲入开水，用力搅拌，搅匀成酱（稠度要大）。用筷子在酱上扎几个孔，上面再浇上开水，水量没过芥末即可。将瓦罐放在35～40℃的地方，盖上盖，经过4～6h，去其芥末的苦味，再倒去浮在表面的水。

将醋精、精盐、白砂糖、生菜油、白胡椒粉一同放入芥末中，调味搅匀，加盖，即可放入5℃左右冰箱（或冰柜）中冷藏。

（5）质量标准　成品色泽黄润，辛辣解腻，可配各种沙司作料。

（6）注意事项　量少时擦成末即可，量大时可用绞肉机绞。成品宜置于冰箱内冷藏。

3. 姜汁

生姜调味汁的生产，是以新鲜生姜为原料，经过破碎、榨汁、分离等工序生产的原汁，再加入辅料，经过均质、杀菌等工序精制而成。

（1）主要设备　破碎机、压榨机、离心分离机、过滤机、配料缸、高压均质机、超高温瞬时灭菌器、包装设备。

（2）原料　生姜、复合稳定剂、异抗坏血酸、食盐、柠檬酸、增香剂等。

（3）工艺流程

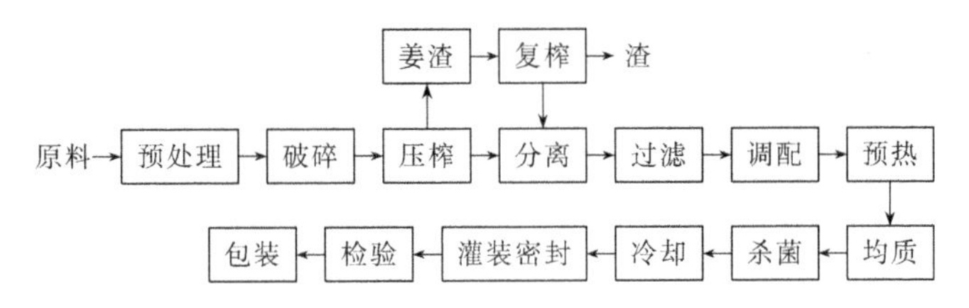

（4）操作要点

① 预处理　把符合要求的生姜挑选整理、清洗、除去杂质，用90～98℃ 0.3%柠檬酸溶液热烫10～15s后，用净水冲洗干净。热烫的主要作用在于对生姜表面杀菌，时间不宜过长，否则，生姜中淀粉糊化，不利于过滤，并影响产品储藏过程中的非生物稳定性。

② 破碎、压榨、分离、过滤　将材料破碎至直径2～4mm的颗粒后在压榨机中榨汁。生姜含纤维素较多（0.7%），采用螺旋压榨机榨汁，容易发生破筛现象。本工艺采用压榨机榨汁。在姜渣中加少量净水后复榨，姜汁应尽快进行分离、过滤，除去其中固体颗粒（如淀粉颗粒）。

③ 调配　按生姜调味汁配方加入食盐、异抗坏血酸、柠檬酸、

复合稳定剂等辅料后混合均匀。加入柠檬酸和食盐，将 pH 值调至 4.5～4.8，可以抑制褐变，改善产品品质，抑制微生物生长繁殖。加入复合稳定剂可以使产品均匀一致，减少分层现象。通过实验比较，使用复合稳定剂比使用单一稳定剂的效果好得多。

④ 均质　尽管经过离心分离及过滤，姜汁中仍含有固体微粒，通过均质可以使其破碎，均匀地分散于姜汁中，以减少分层与沉淀现象，提高产品的感官质量。均质温度 55～65℃，压力14～18MPa。

⑤ 杀菌、冷却　生姜中的有些成分虽然具有一定防腐作用，但长时间存放还远不能阻止微生物的生长繁殖。因此，必须对生姜调味汁进行杀菌，以保证产品在保质期内不产生腐败变质现象，杀菌温度与杀菌时间不仅影响杀菌效果，而且还影响产品风味和色泽。一般采用超高温瞬时杀菌（130℃，3～5s)，杀菌效果好，且生姜调味汁中风味物质及营养物质损失少。出料温度控制在 55～60℃，以便进行热包装。

（5）质量标准　色泽淡黄或暗黄色，质地均匀，具有浓郁的生姜香味和生姜特有的辛辣味。存放时间较长时，允许微量沉淀生成。pH 值 4.5～4.8，食盐 9.8%～10.2%，挥发油≥0.16mL/L。

（6）注意事项

① 该产品容易出现的问题是产品的稳定性。这与稳定剂的选用、分离过滤的效果、均质压力和温度、杀菌温度及时间等因素有关。

② 在产品生产过程中，一定要保持生产环境的卫生。为此，设备使用前后一定要清洗消毒（用 80～90℃，3% NaOH 溶液消毒)，以保证产品卫生。

（四）香辛料调味酱

一般的香辛料调味品因原料的形态不同，很难完美地显示各种特有的风味。香辛料调味酱通过特殊工艺处理能够全面改善这种缺陷，使各种风味搭配协调完美，另外香辛料调味酱具体的添加量很小，对不同风味、香气的需要按一定比例添加。和粉状香辛料对比，香辛调味酱添加量少，香气浓郁、口感纯正、效果极佳。

下面介绍几种常见的香辛料调味酱的加工方法。

1. 芥末酱

芥末酱由芥末粉经发酵、调配而成。其强烈的刺激性气味能引起人们的食欲，是夏季凉拌菜的适宜调料，可给人以清爽的感受。

（1）主要设备　粉碎机、80目筛网、夹层锅、调配罐、包装机或灌装机。

（2）配方　芥末粉10kg，白醋1kg，盐0.5～1kg，白糖1kg，增稠剂0.15～0.35kg，水20～25kg。

（3）工艺流程

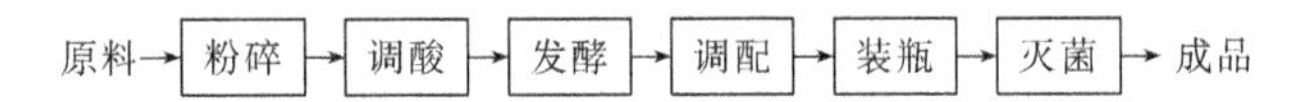

（4）操作要点　芥末粉应选择原料新鲜、色泽较深的佳品。将芥末粗粉用粉碎机粉碎，粒度要求在80目以上，越细越好。将10kg芥末细粉加20～25kg温水调成糊状，加入1kg白醋，调pH值为5～6。

将调好酸的芥末糊放入夹层锅中，开启蒸汽，使锅内糊状物升温至80℃左右，在此温度下保温2～3h。将增稠剂溶化，配成浓度为4%的胶状液。白糖、食盐用少量水溶化，与发酵好的芥末糊混合，再加入增稠剂，搅拌均匀即为芥末酱。

将调配好的芥末酱装入清洗干净的玻璃瓶内，经70～80℃、30min灭菌消毒，冷却后即为成品。

（5）质量标准　体态均匀，黄色，黏稠，具有强烈的刺激性辛辣味，无苦味及其他异味。

（6）注意事项　发酵过程是非常重要的工序，在此期间芥子苷在芥子酶的作用下，水解出异硫氰酸烯丙酯等辛辣物质。这是评价芥末酱质量优劣的关键。

发酵过程应在密闭状态下进行，以防辛辣物质挥发。

2. 辣椒酱

辣椒的加工品种类很多，辣椒酱是其中附加值较高的产品。这里介绍其中几种辣椒酱的种类及加工方法。

（1）乳酸发酵及非发酵型辣椒酱　这类辣椒酱是利用红椒或红

椒粉，加入大蒜、芝麻、食盐、味精、豆豉、生姜、花生、核桃、花椒、胡椒等配料，经过混合、磨细、装罐、杀菌等一系列工艺制作而成，如阿香婆、辣妹子辣椒酱等。它不经过霉菌发酵阶段，但有的经过乳酸发酵。这里介绍其中一种产品——蒜蓉辣椒酱的配方及加工方法。

① 主要设备　打浆机、配料缸、灌装设备。

② 配方　辣椒 10kg、白砂糖 500g、大蒜 500g、生姜 200g、味精 50g、熟芝麻 200g、植物油 400g。

③ 工艺流程

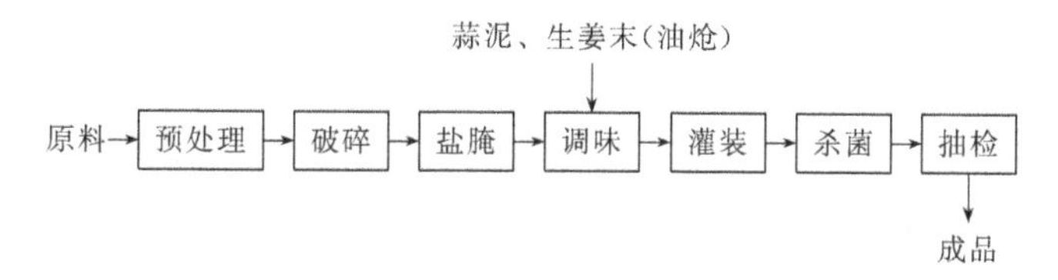

④ 操作要点　当辣椒果实由青转为红熟时，即可采收用作原料。剔除原料中不利于加工的蒂、柄、虫害部分，然后用清水冲洗干净，控干水分。用打浆机破碎，也可用粉碎机进行破碎，筛孔直径以 2mm 为宜。经破碎处理后的辣椒，添加约 7%～8%的食盐，自然发酵 7～10 天即可。在发酵期间要不断搅拌，使产生的气体完全排放掉，一般一天数次。发酵结束后即可进行调配。在配料缸中加热至 75～80℃，搅拌均匀。此时具有浓郁的酱香味溢出，即可进行热灌装。常压杀菌 30min，冷却。

⑤ 质量标准

色泽：暗红色、色泽鲜艳，半透明状。

气味：具有浓郁的酱香味，甜辣适口，无异味。

理化指标：总糖含量 5%～10%；食盐含量 7%～12%；维生素 C 含量 0.5～1.0mg/g；不添加任何防腐剂。

卫生指标：符合食品酿造酱卫生标准（GB 2718—2014）。

⑥ 注意事项　用盐量的多少，直接影响产品的风味和食用价值。含盐量在 7%左右时，食用比较方便，不会太咸，但产品酱味不易出来，发酵中可能会发酸，对风味物质的形成有直接的影响；

当含盐量在13%～15%时，风味较好，且产品不会有酸味而影响口感，但盐太多，太咸，不利于人们直接食用。因此考虑到这个问题，一般采用12%的盐腌，然后在调配时再加入一定比例的没有发酵过的辣椒酱（破碎后直接用于加工的部分），使产品的最后含盐量在7%左右。

自然发酵的过程与外界湿度有关系，在夏天一般是7天完成发酵。

根据不同的市场需求，可加进油炸的大蒜（油炸的目的主要是为了除臭），也可加进生姜调味，这样的蒜蓉辣酱更有利于家庭消费。如果用于饭店炒菜、火锅店的调料，可不加大蒜。这样不但可以满足不同的市场需求，而且可以灵活地变换产品的花色品种，增强竞争力度。

（2）霉菌发酵型辣椒酱的加工方法　霉菌发酵型辣椒酱是历史悠久的酿造调味品之一，都是以粮食和辣椒为主要原料，利用霉菌为主要微生物经发酵而成的产品。它已经成为人们日常使用的调味品。霉菌发酵型辣椒酱常用的生产方法有两种：普通发酵法和加酶发酵法，下面分别介绍这两种方法。

① 普通发酵法

a. 主要设备　打浆机、配料缸、灭菌设备。

b. 配方　辣椒100kg、食盐17kg、面粉1kg。

c. 工艺流程

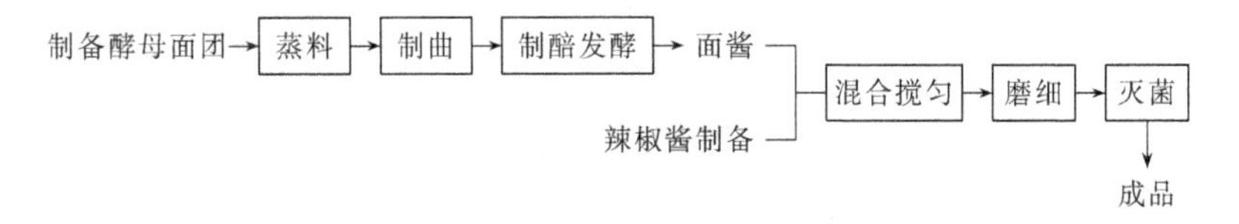

d. 操作要点

制备酵母面团：按原料总量的5%取面粉加水调匀，同时加入事先准备好的面包发酵液2%，保温30℃，任其起发。

蒸料：将面粉加水同时加入酵母面团，揉匀，放置1h，切块，上甑，蒸熟得面糕。

制曲：面糕蒸熟后，冷却，打碎，接种米曲霉种曲，入曲室制曲，约96h后出老曲。

制醅发酵：成曲在容器中堆积后，加16～17℃盐水浸泡，发酵温度控制在50～55℃，制得面酱。

辣椒酱制备：选用鲜红辣椒，除去蒂柄，洗净、晒干明水、切碎。辣椒加盐拌匀，装坛腌制，约3个月就成辣椒酱。用时取出，加适量盐水或甜米酒混合。

磨细、灭菌：将发酵成熟的面酱与辣椒酱混合，用钢磨磨细，再过筛，并用蒸汽加热灭菌，即为成品。必要时对干稀进行调节。

e. 注意事项　可根据需要，在制备辣椒酱的过程中加入适量的香油、芝麻酱、白糖和香辛料粉等。

② 加酶发酵法　此法生产酱类食品，改变了制酱工艺的传统习惯，简化了生产工序，改善了产品的卫生。产品甜味突出，出品率高。

a. 主要设备　搅拌机、破碎机、灭菌设备。

b. 配方　辣椒100kg，食盐17kg，面粉1kg。

c. 工艺流程

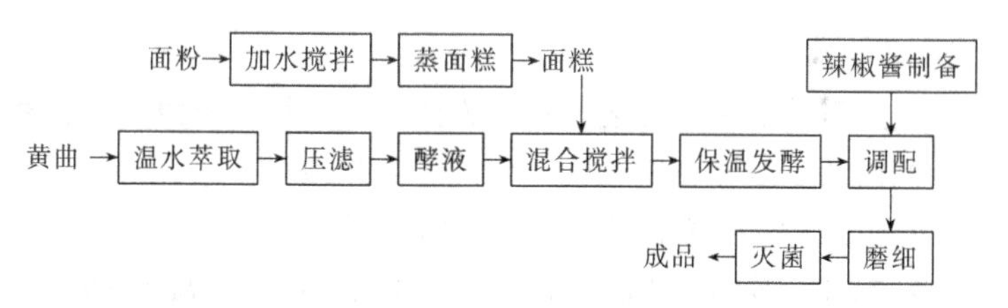

d. 操作要点

温水萃取：按原料总重的13%称取麸曲（其中3.04麸曲10%，3.324麸曲3%），放入有假底的容器中，加入40℃的温水，浸渍1.5～2h，放出。如此套淋2～3次，测定酶的活力，一般每毫升糖化酶活力达到40U以上时，即可应用。

蒸面糕：将面粉放入拌和机中，按30%加水，充分拌匀，不使成团。和匀后，常压分层蒸料；加料完毕后，待穿气时开始计时，数分钟即可蒸熟。稍冷后，用破碎机破碎，使颗粒均匀。在正常情况下，熟料的含水量为35%左右。

保温发酵：面糕蒸熟后，冷却到60℃左右，下缸，按比例拌匀后压实。此时品温约为45℃，24h后，容器边缘部分开始液化，有液体渗出。面糕开始软化时即可开始翻酱，以后每天翻酱两次，保持品温45～50℃。第7天时，温度升至55～60℃，第8天可根据色泽深浅将品温调至60～65℃。出酱前品温可升至70℃，立即出酱，制得面酱。在下缸后第4天，可磨酱一次，将小块面糕磨细，有利于酶解。此法生产面酱出品率高，每100kg面粉可生产面酱210kg左右，但风味稍差。

辣椒酱制备：选用鲜红辣椒，除去蒂柄，洗净、晒干明水、切碎，辣椒加盐拌匀，装坛腌制，约3个月就成辣椒酱，用时取出，加适量盐水或甜米酒混合。也可将辣椒混入面糕中一同发酵。

调配、磨细、灭菌：将面酱和辣椒酱按适当比例调配拌匀后，用钢磨磨细，再过筛，并用蒸汽加热灭菌，即为成品。必要时对干稀进行调节。

e. 注意事项　可根据需要，在制备辣椒酱的过程中加入适量的香油、芝麻酱、白糖和香辛料粉等。

3. 豆瓣酱

现代豆瓣酱的生产工艺与传统方法不同，用瞬时浸烫法代替蒸煮法生产出的豆瓣酱甜辣相间，色、香、味独特。

(1) 主要设备　粉碎机、蒸锅、搅拌机、灭菌设备。

(2) 配方　豆瓣25kg、曲精8g、面粉5kg、食盐6.25kg、辣椒酱25kg、米酒0.5kg，少量花椒、胡椒、八角、干姜、山柰、小茴香、桂皮、陈皮。

(3) 工艺流程

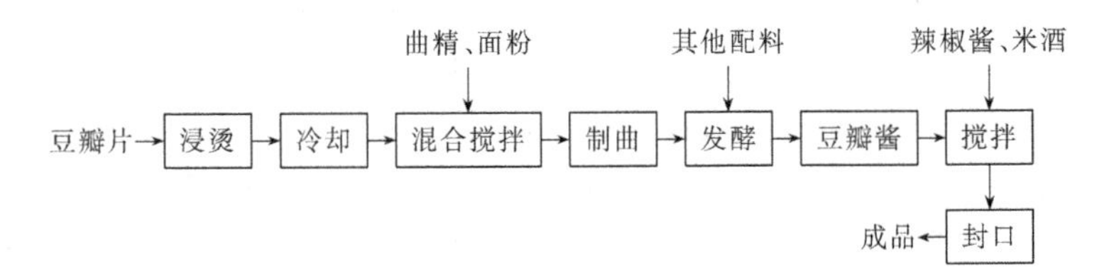

（4）操作要点

① 浸烫、冷却　先将干法或湿法去皮后的豆瓣片25kg左右装于箩筐，待水烧到沸腾时，把装入豆瓣的箩筐放入蒸锅内。豆瓣入水后不断搅拌，使之受热均匀，一般浸烫2～3min，达到3分熟程度即可迅速取出，用冷水中淋浸泡，使之降温，然后沥去水分，倒入接种拌曲台。

② 制曲　将浸烫无明显水分、用手指捏断豆瓣断面可见白迹的豆瓣，拌入按原料重量0.3‰的曲精和20%的标准面粉中充分混合拌匀，装入曲室的竹编盘内，厚度以2～3cm为宜，维持室温28～30℃，待其温度升至37℃时进行翻曲1次，并将结饼的曲块搓散、摊平。一般2～3天即为成曲。

③ 发酵　按每100kg豆瓣曲，加水100kg、食盐25kg的比例配制发酵盐水，先将盐水烧开，再放入装有少量花椒、胡椒、八角、干姜、山柰、小茴香、桂皮、陈皮等香辛料的布袋煮沸3～5min后取出布袋，将煮沸的溶液倒入配制溶解食盐水的缸或桶里，把成曲倒入发酵缸或桶里，曲料入缸后很快会升温为40℃左右。此时要注意每隔2h左右将面层与缸底层的豆瓣酱搅翻均匀，待自然晒露发酵1天后，每周翻倒酱2～3次。倒酱时要将经过日晒、较干、色泽较深的酱醅集中，再用力往下压入酱醪内深处发酵，酱的颜色随着发酵时间的增长而逐步变成红褐色，一般日晒夜露2～3个月后成为熟酱。

④ 搅拌、封口　在100kg发酵成熟的原汁豆瓣酱中加入100kg熟辣椒酱、2kg米酒充分搅拌均匀，装入已蒸汽灭菌冷却的消毒瓶内，装至离瓶口3～5cm高度为止，随即注入精制植物油于瓶内2～3cm，然后排气加盖旋紧，检验、贴商标、装箱后即可为成品出售。

（5）质量标准

① 感官指标　色泽：呈酱红色，鲜艳而有光泽。口味：鲜美而辣，无苦味、霉味。杂质：无小白点，无僵瓣，无黑疙瘩，无其他杂质和辣椒椒籽等。

② 理化指标　水分＜60%，食盐14%～15%，全氮含量＞

1.18%，氨基酸>0.7%，总酸（以乳酸计）<1.3%。

4. 紫苏子复合调味酱

紫苏子复合调味酱是以紫苏子、辣椒为原料，经与芝麻、豆瓣酱等进行调配而制成的调味酱，其产品酱香柔和、口感细腻、辣味中带有紫苏的清香。

（1）主要设备　粉碎机、夹层锅、磨浆机。

（2）配方　豆瓣酱60kg、干辣椒1kg、酱油6kg、食盐4kg、紫苏子5kg、蔗糖6kg、精炼菜油8kg、香辛料（花椒、小茴香等）及味精3kg、芝麻4kg、水2kg、苯甲酸钠18g、叔丁基对苯二酚（TBHQ）16g。

（3）工艺流程

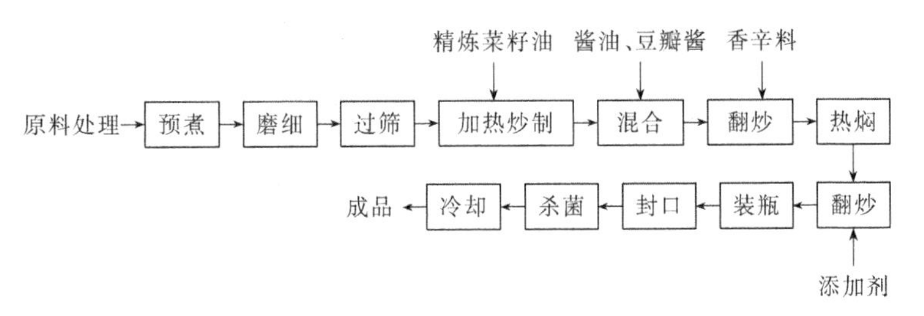

（4）操作要点

① 原料处理　紫苏子和芝麻应颗粒饱满，无杂质、无霉变、无虫蛀，经分选、清洗、沥干后，在电炒锅中焙炒至香气浓郁、颗粒泡松，无生腥、无焦苦及煳味，时间15～20min。将紫苏子和芝麻在粉碎机中粉碎，过80目筛。辣椒为红色均匀、无杂色斑点的干辣椒，水分≤12%，剔除霉烂、虫蛀辣椒及椒柄。在夹层锅中预煮约30s后捞起，沥干水分，磨细成泥。

② 加热炒制　将精炼菜籽油加温至150～180℃，如温度过低，使产品香味不足，过高则易焦煳。酱油不发酸、无异味，符合国家三级以上标准。酱油在夹层锅中加热至85℃，保持10min。豆瓣酱用磨浆机磨细。

③ 翻炒　花椒、小茴香及蔗糖应打碎成粉，过100目筛，姜去皮绞碎成泥。翻炒及热焖5～10min。沸水杀菌，时间40min。

(5) 质量标准

① 感官指标　色泽：产品为红褐色，鲜艳而有光泽。香气：具有酱香、酯香及紫苏的清香，无不良气味。滋味：味鲜、辣味柔和，咸淡适口，略有甜味，无苦、酸、焦煳或其他异味。体态：黏稠适中，无霉花，无杂质。

② 理化及卫生指标　总酸含量1.1%，还原糖含量（以葡萄糖计）78%，α-亚麻酸 3%，食盐含量 12%，大肠杆菌（MPN/100mL）≤30，致病菌不得检出。

(6) 注意事项　由于紫苏子油中有 60%以上的含 3 个双键的不饱和脂肪酸——α-亚麻酸，生产时通过焙炒不仅增香、除腥，还可使脂肪氧化酶失活，并加入一定量的抗氧化剂，可防止产品中的脂肪酸氧化酸败，对保证产品质量起到了重要的作用。产品最好真空装瓶，减少与空气的接触。

5. 胡椒风味调味酱

胡椒是世界著名的调味香辛料，其种子和果实都含有挥发油、胡椒碱、粗脂肪、粗蛋白、淀粉和可溶性氮等。以大豆酱和白胡椒为主要原料制作的胡椒风味调味酱，不仅丰富了胡椒产品，而且提高了胡椒的经济效益。

(1) 主要设备　干燥箱、恒温培养箱、蒸汽灭菌设备。

(2) 配方　大豆 7kg、胡椒 0.5kg、辣椒 0.3kg、姜 0.15kg、大蒜 0.15kg。

(3) 工艺流程

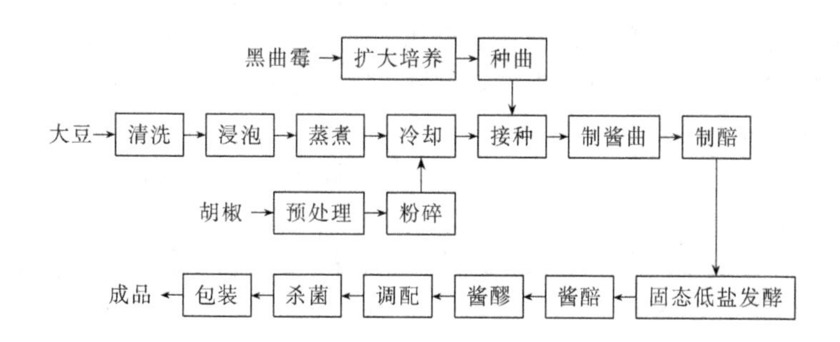

(4) 操作要点

① 浸泡　大豆浸泡 4～8h，浸泡至豆粒表面无皱纹，并能用手指压成两瓣为适度。

② 蒸煮　在高压灭菌锅中于 121℃维持 30min。

③ 接种　接入 3%的黑曲霉曲种。

④ 制酱曲　于 30℃烘箱内培养 16h 后调盘，到 22h 左右第一次翻曲，再经 6～8h 第二次翻曲，此时控温 25℃，曲温 34～36℃，再经 60h 后出曲。

⑤ 制醅　将大豆曲倒入大烧杯中扒平压实，自然升温到 40℃左右，再加入 60～65℃的 1.11g/mL 热盐水，并加盖面盐一层。醅温达 45℃左右，保温发酵 10 天。成熟后补加 1.2g/mL 盐水，充分拌匀，在室温中发酵 4～5 天得成品大豆酱。

⑥ 调配　将辣椒、姜、大蒜分别加入锅内进行煸炒，煸炒温度为 85℃以上，维持 10～20min，然后与大豆酱调配。

(5) 质量标准　色泽：棕褐色，鲜艳，有光泽。风味：酱香浓郁，有胡椒香味，辣味适中，无异味。

(6) 注意事项　在大豆酱中添加胡椒等，能抑制豆腥味，增加了产品特殊的风味，使得产品同时具有酱香味和胡椒风味。

6. 草菇蒜蓉调味酱

草菇富含可产生鲜味的氨基酸如谷氨酸，滋味鲜美，是制作调味酱的良好原料。

在草菇作为鲜品销售或用来生产罐头时，尽管大量草菇营养价值并未降低，但因为开伞、破头等外形破坏成为等外品或者不能利用。为了提高草菇的综合加工利用效率，降低生产成本，以开伞、破头等外形残损的草菇为主要原料，以大蒜为配料，可生产营养和风味俱佳的草菇蒜茸调味酱。

(1) 主要设备　夹层锅、打浆机、胶体磨、均质机、真空浓缩罐、真空封罐机。

(2) 配方　草菇 9kg、大蒜 1kg、食盐 80g、复合稳定剂 2g、蔗糖 10g、柠檬酸 2.5g、生姜粉 2.5g、酱油 20g。

(3) 工艺流程

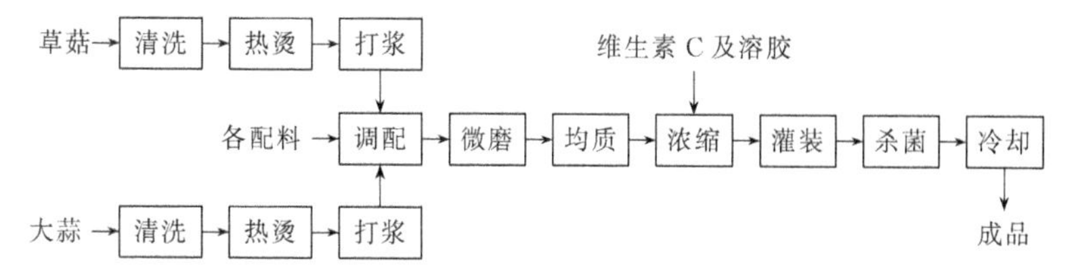

（4）操作要点

① 清洗、热烫、打浆　将草菇洗净，置于 90～95℃热水中烫漂 2～3min，灭酶活和软化组织，完成后立即进入打浆工序，得到草菇原浆。将大蒜洗净，置于温水中浸泡 1h，搓去皮衣，捞出蒜瓣，淘洗干净，随后置于沸水中烫漂 3～5min，灭酶活和软化组织，完成后立即进入打浆工序，得到大蒜原浆。

② 调配、微磨、均质　按照原料配比，将草菇原浆、大蒜原浆以及其他辅料调配均匀，并通过胶体磨磨成细腻浆液，进一步用 35～40MPa 的压力在均质机中进行均质，使草菇、大蒜纤维组织更加细腻，有利于成品质量及风味的稳定。

③ 浓缩　为保持产品营养成分及风味，尽量减少草菇的酶褐变程度，采用低温真空浓缩并添加 0.25％的维生素 C 抑制褐变，浓缩条件为 60～70℃、0.08～0.09MPa，以浓缩后浆液中可溶性固形物含量达到 40％～45％为宜。在浓缩接近终点时加入增稠剂和维生素 C，继续浓缩至可溶性固形物含量达到要求时，关闭真空泵，解除真空，迅速将酱体加热到 95℃，完成后立即进入灌装工序。

④ 灌装及杀菌　预先将四旋玻璃瓶及盖用蒸汽或沸水杀菌，保持酱体温度在 85℃以上装瓶，并稍留顶隙，通过真空封罐机封罐密封，真空度应为 29～30kPa。随后置于常压沸水中保持 10min 进行杀菌，完成后逐级冷却至 37℃，擦干罐外水分，即得到成品。

7. 辣椒牛肉酱

辣椒牛肉酱因香辣适口、色泽宜人、口味鲜美、营养丰富，受到广大消费者的欢迎。

（1）主要设备　夹层锅、绞肉机、杀菌锅等。

（2）配方　辣椒 64.0kg、牛肉丁 11.0kg、食用盐 2.2kg（根

据原料中含盐量增减)、熟花生油 2.0kg、熟芝麻仁 1.0kg、熟核桃仁 0.5kg、熟花生仁 1.0kg（碎粒)、桂圆肉 0.2kg（切碎)、味精 100.0g、白砂糖 2.0kg、酱油 2.0kg、黄酒 1.0kg、甜面酱 5.0kg、麦芽糊精 2.0kg、卡拉胶粉 1.0kg、水 5.0kg 左右。

（3）工艺流程

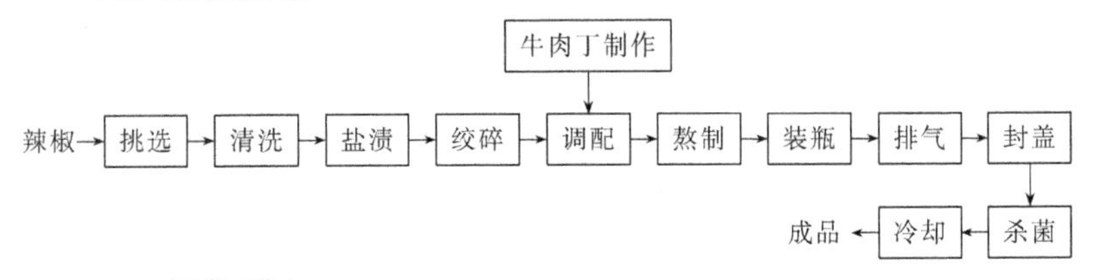

（4）操作要点

① 挑选、清洗、盐渍、绞碎　将辣椒去除辣椒柄和不合格部位，在流动水中清洗干净，捞出控水，放进大缸中（或不锈钢池中)，每 100kg 辣椒中加食盐 5kg，搅拌均匀后，上面用洁净的石头轻压，使辣椒全部浸于卤中，并每 2 天上下翻动一次，保持均匀。盐渍辣椒时间为 8 天，取出辣椒经孔径 1mm 的电动绞肉机绞成碎粒。

② 牛肉丁的制作　将牛肉洗净后，剔除牛肉中的骨（包括软骨)、板筋、淋巴等不合格部位，切成 5cm 见方、长 15cm 左右的长条。

腌渍配方：牛肉 100kg、食用亚硝酸钠 2g、食用盐 3kg。先将亚硝酸钠、食用盐拌和均匀，加到牛肉中，搅拌均匀，在 0～4℃库温里腌渍，每天翻动 1 次，腌 48h 出库。牛肉放进水中煮沸 12min，捞出冷却，切成 6mm 见方小块备用。

③ 调配、熬制　先将白砂糖、食用盐放于夹层锅中，加热溶解，调至规定质量，经 120 目滤布过滤。滤液中加进辣椒酱等全部辅料，搅拌均匀，边加热边搅拌，保持微沸 10min 出锅。

④ 装瓶　将瓶、盖清洗干净，经 85℃以上水中消毒，控干水分，趁热灌装，每瓶装酱量为 120g。

⑤ 排气、封盖　排气是制作辣椒牛肉酱的关键工段之一，酱体装瓶后，密封前将瓶内顶隙间的、装瓶时带入的和原料组织细胞内的空气尽可能从瓶内排除，从而使密封后瓶内顶隙内形成部分真空的过程。

装瓶后，经95℃以上排气箱加热排气，当瓶内中心温度达到85℃以上时，用人工旋紧瓶盖或用真空旋盖机封盖。

⑥ 杀菌、冷却　经110℃杀菌后，反压水冷却。封盖后及时杀菌，杀菌锅内水温50℃左右时下锅，升温到110℃，保持恒温恒压30min，杀菌结束停止进蒸汽，关闭所有的阀门，让压缩空气进入杀菌锅内，使锅内压力提高到0.12MPa，开始冷却，压缩空气和冷却水同时不断地进入锅内，用压缩空气补充锅内压力，保持恒压，待锅内水即将充满时，将溢水阀打开，调整压力，随着罐头冷却情况逐步相应降低锅内压力，直至瓶温降低到45℃左右出锅，擦净瓶外污物，于37℃保温5天，经检验、包装出厂。

(5) 质量标准　成品色泽：呈淡红色或红褐色。滋味及气味：辣味适中，香味纯正，无异味。杂质：不允许存在。食盐含量3.5%～5%，总酸（以醋酸计）≤1%。

(6) 注意事项　排气的目的是阻止需氧菌及霉菌的生长；避免或减轻食品色、香、味的变化；减少维生素和其他营养素的损失；加强四旋瓶盖和容器的密封性；阻止或减轻因加热杀菌时空气膨胀而使容器破损；减轻或避免杀菌时出现瓶盖凸角和跳盖等现象。

8. 海鲜香辣酱

海鲜香辣酱是在传统香辣酱的基础上对配方进行调整，同时添加了由牡蛎制得的海鲜汁。

(1) 主要设备　绞肉机、水解罐、真空浓缩锅、夹层锅、灌装机、灭菌设备。

(2) 配方　油辣椒30%、大蒜10%、生姜10%、浓缩海鲜汁10%、砂糖9%、陈醋6%、芝麻10%、食盐14%，其余为味精和黄酒等。

(3) 工艺流程

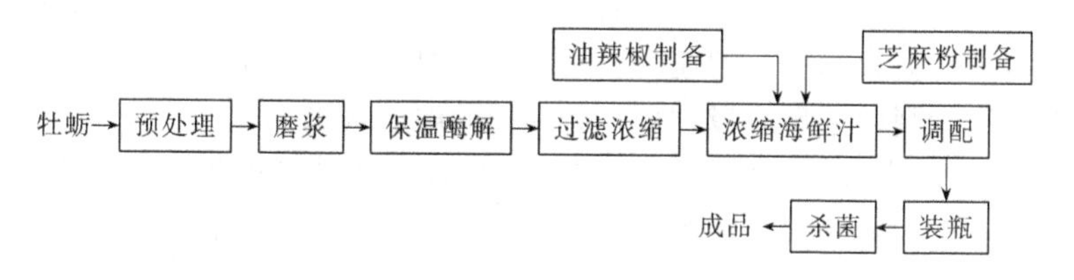

(4) 操作要点

① 预处理　新鲜的牡蛎肉放入清洗槽中，搅拌，洗除附着于肉上的泥沙、贝壳碎屑、黏液，捞起沥干，沥干后的贝壳肉用0.3%的甘氨酸溶液（溶液与贝肉为1∶1）浸渍30min捞起沥干；再用5%的盐水浸渍30min，使肉质收缩的同时去掉部分腥味成分。

② 磨浆　将贝肉放入绞肉机或钢磨中磨碎，磨至糊状。为增加酶与肉的接触面积有利于酶解，磨得越细越好。磨好后的肉糊加2倍水，并用10%的NaOH溶液调整pH值至7.0～7.5。

③ 保温酶解　将调整好pH值的肉糊泵入保温水解罐中，加入0.1%枯草杆菌中性蛋白酶（占肉重），搅拌均匀。升温至50～55℃，水解1～1.5h。用醋酸调整pH值至5.5左右，加热煮沸10min左右以使酶蛋白变性并去掉部分腥味。

④ 过滤浓缩　将水解液用120目的筛网过滤，然后泵入真空浓缩锅中浓缩至氨基态氮为1g/100mL左右即得浓缩海鲜汁。

⑤ 油辣椒制备　花生油在夹层锅中加热到80～85℃，然后慢慢倒入盛有辣椒粉的不锈钢桶中，边倒边搅拌，直到桶里的辣椒粉全部被油浸润为止。

⑥ 芝麻粉制备　将芝麻放入夹层锅中慢火炒熟，粉碎成末即得。

⑦ 调配　将各种配料按配方和工艺流程的要求加入到配料罐中，然后不断搅拌至混合均匀为止。

⑧ 装瓶、杀菌　将调配好的海鲜香辣酱泵入膏状定量罐装机中灌装，然后送入卧式杀菌锅中于120℃下杀菌10min。杀菌后冷却至40℃，然后贴上商标，套上收缩薄膜，经热收缩机包装后入库。

(5) 注意事项

① 牡蛎的酶解　酶解前的加水量为2倍，不可过多或过少。过多不仅会影响酶解的速度、延长酶解时间，而且不利于后续的浓缩；过少则由于反应液过稠，会降低酶解的效果。

② 口味大众化的关键措施　通过减少油辣椒的配比、调整糖酸比及添加牡蛎水解浓缩汁等措施使香辣酱适合大众口味。

第四章 香辛料精油及精油树脂的生产

第一节 香辛料精油产品的制取

与原香辛料相比，使用香辛料精油具有很多优势。香辛料精油所占空间较小；水分含量极低，可较长期的存放；可通过建立严格的质量标准，统一处理不同产地和不同季节的香辛料，使精油产品品质恒定；易于配方；香辛料精油中不含酶、鞣质、细菌和污物；精油制品颜色通常较浅，不会影响食品的外观；有些食品如酒类只能采用香辛料精油。

与原香辛料相比，使用香辛料精油也有不利之处：如对于采用水蒸气蒸馏所制得的香辛料精油，由于是在加热情况下所得，所以在加工过程中会损失部分挥发性成分，有些水溶性的成分因溶于水而流失，有些热敏性的成分发生变化，因此其香味与原物有一些区别，有时还会带有一些蛋白质和糖类化合物受热分解产生的杂气；由于在香辛料精油加工过程中去除了一些植物中的天然抗氧化剂，会使一些精油易于氧化，精油中的各种萜类在高温下容易发生氧化、聚合，需保存在冷暗处；在应用方面，精油使用过程中容易有掺假和以次充好现象；由于香辛料精油中呈香成分浓度高，需准确称量，目前常采用的是每克精油相当于多少原香辛料，这给使用带来一定难度；此外，精油难以在干的食品中分散；精油的使用有碍于某些食品的饮食习惯。

香辛料精油的微胶囊化是香辛料深加工的重要发展方向。香辛料精油的呈味主体为挥发性芳香油，不但挥发性强，而且易被氧化，所以保存和使用均受到很大的限制。采用微胶囊技术将挥发性精油制成稳定的微胶囊粉末，即通过微胶囊壁将挥发性精油与外界隔离开来，这样可有效地抑制精油的挥发和氧化，使其不易变质，而易于储存；而且微胶囊化香辛料精油具有使用方便、易与其他固态调味料均匀混合、有效地控制香味物质的释放等优点。

一、香辛料精油的制取

精油是由醇、烯、酮、烃、萜类等有机成分构成的油状混合物，沸点在150～170℃之间，均为油溶性，并具有抗菌性。香辛料精油的提取量受加工工艺、生产条件、处理方法的影响。目前大多数香辛料精油采用蒸汽蒸馏法生产，少量通过冷压榨、干蒸馏或真空蒸馏方法制取。香辛料精油加工工艺的选择要从原料的特点、产品的质量和经济上的合理性方面综合考虑。从香辛料植物中提取精油，应选择精油含量高、灰分含量低、湿度小且洁净的香辛料；并根据原料形态、精油成分性质差异、对热的敏感性、原料数量、生产规模、生产成本和经济效益等因素而选择不同的加工方法。

香辛料精油一般可用三种方法进行分离提取和纯化，即水蒸气蒸馏（扩散）法、超临界CO_2萃取法和分子蒸馏分离技术。

（一）水蒸气蒸馏（扩散）法

水蒸气蒸馏法是香辛料精油生产最为常用的方法，分为直接水蒸气蒸馏、水中蒸馏、水上蒸馏和水渗透蒸馏。直接水蒸气蒸馏法锅内不加水，将锅炉产生的蒸汽通入锅下部，蒸汽穿过多孔隔板及其上面的原料而上升。此法蒸馏原料量多，速度快，可通过锅炉产生的蒸汽来控制温度和压力，适于大规模生产。水上蒸馏又称隔水蒸馏。在蒸馏锅下部装一块多孔隔板，板下面盛水，水面距板有一定距离，水受热而成饱和水蒸气，穿过原料上升。在蒸馏过程中，原料与沸水隔离，从而减少水解作用。与直接水蒸气蒸馏相比，蒸汽来源不同，压力和温度不易控制。水中蒸馏法是将待蒸馏的原料放入水中，使其与沸水直接接触，该法简便易行、高效价廉，适合中、小型企业使用，尤其适用于易黏着结块、阻碍水蒸气渗入的品种，但存在焦煳、不利水解的因素。水渗透蒸馏，也称水扩散蒸馏法。该方法的水蒸气流向与传统蒸馏法的水蒸气流向相反，其特点是将冷凝器装在蒸馏锅下面，水蒸气自设备顶部进入蒸馏锅，通过加料盘架由侧面推进或滑出来进出料。带有精油的冷凝水自然地从底部进入冷凝器，经冷凝后通过油水分离器进行油水分离。水渗透蒸馏法缩短了蒸馏时间，节约了能源，而且不会使香气成分因水解而受损失，特别适合于具有游离油细胞的香辛料，如月桂、苦橙叶、白芷、芫荽、柠檬草等香辛料。

1. 主要设备

粉碎机、烘干机、蒸馏设备、冷凝器、油水分离设备等。

2. 生产工艺流程

水蒸气蒸馏（扩散）法提取精油的典型工艺流程如下：

选料 → 烘干 → 粉碎 → 过筛 → 蒸馏 → 油水分离 → 精油

3. 加工操作要点

（1）粉碎　物料粉碎度是影响蒸馏效果的要素之一。一般物料粉碎得越细，表面积越大，蒸馏效果越好；但若过细，则影响溶剂的穿流，反而不利于蒸汽通过和精油蒸馏，而且会吸水结块造成废渣清除困难。一般控制在30～60目之间。通常一些香辛料的最适粉碎度为，八角60目，花椒40目，丁香60目，小茴香60目，芥末30目。

（2）蒸馏　加水量、蒸馏时间、堆积厚度是影响蒸馏效果的三个主要因素。每种香辛料所含的精油量是一定的，蒸馏时物料应全部浸于水中，精油通过水介质慢慢浸出来，随蒸汽蒸发而挥发。这样，物料与水之间应有一个合适的比例：若加水量太少，物料浸润不充分，易结锅，发生焦煳现象；若加水量太大，则会增加蒸馏时间，耗费燃料，而且原料出油率并不增加，相反馏出液太多，部分精油与水乳化分散，造成油水分离困难，相对损失量增加。不同的香辛料加水量不同，八角、花椒、小茴香分别加 8 倍的水，丁香加 10 倍的水，芥末加 6 倍的水。

堆积厚度对出油率也有较显著的影响。若太薄，蒸汽通过速度快，渗透原料的作用不强，出油率不高，并且大量蒸汽凝结为水，均匀分散在水中形成乳化小油滴，精油相对损失量增大，致使分离后的精油量降低。但若堆积太厚，蒸汽通过困难，同样也对出油不利。

此外，蒸馏时间对出油率也有较大的影响，一般蒸馏 1h 出油率可达到 90%以上，蒸馏 2h 出油率可达到 95%～98%，蒸馏 2～3h 可将香辛料中的精油提取出 98%以上。

（3）油水分离　油水分离是蒸馏法生产香辛料精油工艺方法中一个非常重要而关键的步骤。目前先进的油水分离方法是采用分凝器，即改进的冷凝器和微型油水分离器的组合装置。油的沉降速度与油滴直径的平方、油水密度差成正比，与液体的黏度成反比。提高油水蒸气中油分的浓度，使冷凝后油滴有较大的直径，是实现油水快速分离的主要途径。实现油水快速分离所必需的油水蒸气中油分的浓度大约为同温度下油在水中溶解度的 2～3 倍。这样低浓度油分用分凝的方法就能达到。此外，适当地提高冷凝液的温度，使油水密度差与液体黏度的比值增大也能提高油水分离的速度。

另一方面，香辛料精油冷凝至一定强度下以后，就会和水产生乳化，一旦产生了乳化就难以实现快速分离。因此，采用分凝器实现快速分离精油的条件是，一方面要求油水蒸气中有较高的油分浓度，另一方面要控制冷凝液在发生油水乳化的温度之前实现油水快速高效分离。

4. 水蒸气蒸馏法生产桂油

桂油为采用水蒸气蒸馏法从肉桂树的叶片、叶梗和细枝中所取得的精油。桂油主要成分为肉桂醛，含量达 80%～95%，其余为乙酸肉桂酯、水杨醛、丁香酚、香兰素、苯甲醛、肉桂酸、水杨酸等。

桂油生产采用水蒸气蒸馏法，其蒸馏工艺发展大致经过了三个阶段，第一个阶段为传统的水蒸气蒸馏，其工艺简单、设备简陋，得油率低，仅为0.13%～0.14%，造成严重的资源浪费；第二阶段为直接水蒸气蒸馏，得油率可达0.18%以上，但油水分离设备多，占地面积大，投入相对较大；第三阶段采用复馏工艺，该工艺采用双锅串蒸、连续多次分离手段，使桂油得率达到1.10%，能耗大大降低，得油率大大提高。

(1) 主要设备　双锅串蒸器、分凝器等。

(2) 生产工艺流程

桂油生产的典型工艺流程如下：

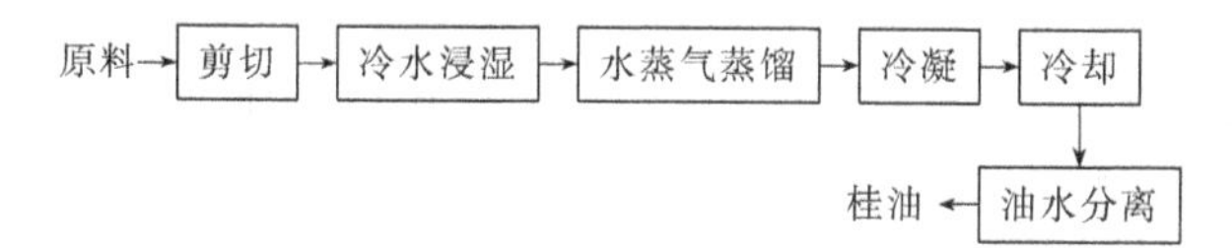

(3) 操作要点　先将桂枝叶剪碎，然后再用粉碎机粉碎至30～60目，将粉碎好的桂枝叶放入蒸馏釜中，加水量为桂枝叶的8倍左右进行蒸馏，蒸馏时间控制在2～3h。将蒸馏出的油水蒸气混合物放在分凝器中，在油水乳化温度之前连续分离，收集得到成品桂油。

(4) 注意事项　桂油易溶解各种树脂、蜡、橡胶或某些塑料，在生产中应避免与上述物质接触。另外，光线、空气和水分能促使桂油氧化变质，对桂油的质量有不利的影响。

桂油是由多种化学成分组成的复杂混合物，其主要成分是反式肉桂醛，桂油质量的高低，以含醛量为依据，含肉桂醛越高，桂油的质量越好。

5. 水蒸气蒸馏法生产孜然精油

孜然精油具有增提芳香、矫味抑味作用，可用于需要突出孜然风味的肉制品、调味品等，可用于食品香精、烟用香精、酒用香精。

(1) 主要设备　蒸馏设备、粉碎机、提取罐、灌装机。

(2) 工艺流程

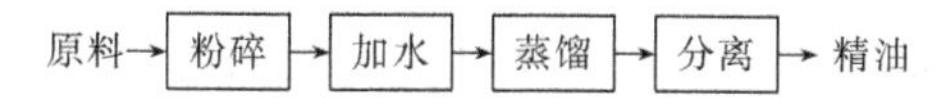

（3）操作要点　先将孜然种子粉碎成40目粉末，然后加入3倍或4倍的水进行蒸馏。加水量的多少对出油率有很大影响，加水量少，出油率低，易造成原料局部过热，甚至发生炭化，使精油质量变坏；加水量多，精油损失更大。常压蒸馏4h便可得到全部精油，出油率为4.5%。

（4）注意事项　蒸馏时间不可过长。否则，低沸点的成分损失较大，对精油质量有影响，还浪费能源。

6. 水蒸气蒸馏法生产八角茴香油

八角茴香油为用水蒸气蒸馏法从中国南方的八角树的果实和叶枝中提取的精油。八角茴香油可用于各种灌肠、罐头鱼、肉类加工，用于烹制红烧鱼、肉。在做馅、丸子和炸酱时，加入适量八角茴香油有明显的调香作用。

（1）主要设备　蒸馏装置、粉碎机、筛网、灌装设备。

（2）工艺流程

干八角茴香果实→粉碎→过筛→水蒸气蒸馏→八角茴香精油

（3）操作要点　先将干燥的八角茴香用粉碎机粉碎，过30目筛网。将粉碎后的八角茴香加入到蒸馏锅中，直接用蒸汽加热，即将锅炉产生的高压饱和或过热蒸汽通入蒸馏锅内，使压力达到340kPa左右。这样精油与水蒸气一起被蒸馏出来，通过冷凝器到油水分离器，而将精油分离出来，然后灌装即可。其出油率在10%～12%。

（4）注意事项　水蒸气蒸馏速度快，加热至沸腾时间短，蒸馏持续时间短，香味成分在蒸馏中变化少，酯类成分水解机会小，这样可保证精油的质量。在蒸馏中如果油水分离器上方储油管中的油层不再显示明显增加时，蒸馏即可终止。若采用鲜八角果实蒸馏精油，其出油率为1.78%～5%，蒸馏前需将八角果实绞碎。八角茴香油不宜久存，否则其茴香脑含量会降低，对烯丙基苯甲醚含量会增高，油的理化性质也会发生变化，但油中加入0.01%的丁基羟基甲苯，便可使其稳定。

八角茴香油宜包装在玻璃或白铁皮制的容器内，存放于5～

25℃，空气相对湿度不超过70%的避光库房内。八角茴香精油在生产中按需使用，在不同食品中的参考使用量为，调味料96～5000mg/kg，肉类制品1200mg/kg，焙烤食品490～500mg/kg。

7. 水蒸气蒸馏法生产姜油

姜油为用水蒸气蒸馏法从生姜的根茎中提取的精油。姜油中主要含有姜酚、姜烯等成分，姜酚是姜油中主要的辣味成分，姜烯具有浓郁的芳香气味，主要用于食品及饮料的加香调味。

（1）主要设备　蒸馏装置、绞碎机、灌装设备。

（2）工艺流程

鲜姜→绞碎→蒸馏→姜油

（3）操作要点　将清洗绞碎的鲜姜放入装有热水的蒸馏锅中，使原料与热水直接接触，进行水中蒸馏。随着加热，水分向姜组织内渗入，姜油与水蒸气一起被蒸馏出来，通过冷凝器一起进入油水分离器，借油、水之间的相对密度差异，达到油水分离的目的。在蒸馏中，如果油水分离器上方储油管中的油层不再明显增加时，蒸馏即告终止。一般蒸馏时间为20h，得油率0.15%～0.3%。

（4）注意事项　如果用干姜做原料，应先将干姜粉碎，过30目筛，用直接水蒸气蒸馏法蒸馏，蒸汽压力维持在347kPa，蒸馏时间16～20h，得油率1.5%～2.5%。蒸馏时，干姜不宜粉碎过细，否则会因本身含淀粉量高而产生黏结块，降低出油率。装料时应做到疏松均匀。已粉碎的原料应迅速蒸馏，以免芳香成分挥发损失，影响出油率。

8. 水蒸气蒸馏法生产胡椒油

胡椒油是选用优质天然胡椒粉提取的，为无色或略带黄绿色液体，芬芳温和，味辛辣。胡椒油可增加菜肴香味，增进食欲，是西餐中不可缺少的香料调味油。它与少量花椒油共同使用，有浓厚的川式麻辣风味，是烹饪川菜的最佳调料。同时，也适用于油炸和焙烤小食品的调味、增香。

（1）主要设备　蒸馏装置、粉碎机、筛网、灌装设备。

（2）工艺流程

干黑胡椒→粉碎→过筛→水蒸气蒸馏→胡椒精油

（3）操作要点　将晒干的黑胡椒用粉碎机粉碎，过40目筛网。把胡椒粗粉放入到蒸馏锅中，进行水蒸气蒸馏，油水分离器上方储油管中的油层不再明显增加时终止蒸馏。其出品率为15%左右。

（4）注意事项　胡椒不宜粉碎过细，否则会因本身含淀粉量高而产生结块，降低出油率；装料时应做到疏松均匀；已粉碎的原料应迅速蒸馏，以免芳香成分挥发损失，影响出油率。

9. 水蒸气蒸馏法生产韭菜精油

韭菜因其独特飘逸的香气而成为人们喜好的香辛料。用水蒸气蒸馏法蒸馏出的韭菜精油略为辛辣，具有浓郁宜人的香气，在食品加工和烹饪中具有增香、去腥臭味等作用，是一种具有发展前途的新型调味精油。

（1）主要设备　蒸馏装置、粉碎机、分离器。

（2）生产工艺流程

鲜韭菜→去杂清洗→加水→粉碎→放置→水蒸气蒸馏→油水分离→精油

（3）操作要点　用于水蒸气蒸馏的鲜韭菜需粉碎，否则得油率低且需要较长的蒸馏时间。水蒸气蒸馏时加水量为原料重量的2～3倍。由于精油相对密度略大于水，所以精油集中在油水分离器底部，可以随时放出、收集。

（4）注意事项　粉碎后放置一段时间（约2h）可提高产油率，可能是由于粉碎后有利于酶的作用，从而使精油物质增加。

水蒸气装置中的分离器应具有冷却冷凝功能，以降低精油在水中的溶解度，减少损失。

（二）超临界CO_2萃取法

超临界CO_2流体萃取分离是利用压力和温度对超临界流体溶解能力的影响而进行的，是一种集溶剂萃取和蒸馏法的优点为一体的天然产物提取分离技术。超临界CO_2萃取法具有操作容易，有效防止香辛料中热敏性物质的氧化、逸散、分解，无溶剂残留等优点，用于有机物的分馏、精制，特别适合于难分离的同系物的分馏精制，也适合分离热不稳定物质。

1. 超临界 CO_2 萃取的基本原理

流体具有气体、固体和液体三相，在一定的温度和压力条件下可以相互转化。气体能被液化为液态的最高温度称为气体的临界温度，在临界温度下被液化的最低压力称为临界压力。当流体的温度和压力处于临界点以上时，气-液的分界面消失，体系的性质变得均一，介于气体和液体之间，即密度为气体的数百倍，接近液体，其流动性和黏度仍接近气体，扩散系数则大约为气体的百分之一，较液体大数百倍。因此，化学物质在其中的迁移或分配均比在液体溶剂中快，而且，通常溶剂密度增大，溶质的溶解度就增大，反之密度减小，溶质的溶解度就减小。所以，将温度或压力进行适当变化，可使其溶解度在100～1000倍的范围内变化，这一特性有利于从物质中分别萃取不同溶解度的成分，并能加速溶解平衡，提高萃取效率。

有机物的密度随压力增高而上升，随温度升高而下降，特别是在临界点附近压力和温度的微小变化都会引起气体密度的很大变化；在超临界流体中物质的溶解度在恒温下随压力升高而增加，而在恒压下溶解度随温度升高而下降，这一性质有利于从物质中提取某些易溶解的成分；而超临界流体的高流动性和高扩散能力，则有助于溶解的各成分之间的分离，并能加速溶解平衡，提高萃取效率。

超临界 CO_2 萃取法的特点非常适合于香辛料精油的生产。由于水蒸气蒸馏法所需的温度较高，会破坏原料的部分风味，而有机溶剂提取法不可避免地会造成溶剂在产品中的残留，因此超临界流体萃取与常规提取法相比其产品更具特色。而超临界流体只需改变温度和压力，就改变了超临界流体的溶剂性质，根据不同温度或压力，选择萃取物的范围不同，低压下可萃取低分子精油成分，随着压力的升高，可萃取物质的范围也随之扩大。

2. 萃取工艺

随着超临界萃取研究领域的不断拓宽，超临界萃取的工艺及设备不断创新，现在已由过去的单一分离器发展为多级串联分离器，由相同原料可以生产不同等级的产品。一般萃取香辛料精油时，原料都是经过粉碎的固体粉末，如果需要对一些精油进一步精炼或再分离时，也可是液体原料。其工艺操作过程主要有3种方式：间歇法、半连续法和连续法。

间歇法是超临界CO_2流体与被萃取原料静态作用一定时间之后再进行分离的萃取方式。萃取过程的推动力是组分在超临界CO_2流体中的饱和浓度与组分在超临界CO_2流体中实际浓度的差值。此法耗时长（一般为几个小时），不适合与被萃取物和固体基质有亲和力的物质的萃取，在香辛料精油的萃取中使用不多。

半连续法操作过程：原料加入萃取器后固定，超临界CO_2流体用泵连续通入萃取器，萃取后含有精油的超临界CO_2流体引出，进入分离器中，减压分离出萃取物。为了减少精油中大分子量杂质组分，可设计2个，甚至多个分离器串联，分别采用不同压力和温度条件，分步去除杂质，提高萃取效果。在香辛料精油的萃取中，半连续法最为适宜，应用也最为广泛。

连续法主要用于液体进料的萃取过程，如从压榨柑橘类水果皮油中提取精油的操作，或精油组分的进一步分馏。此法由于原料的限制，使用范围相对有限。

3. 选择萃取剂的原则

在保证特定产品要求的前提下，尽量选择具有较低的临界温度和压力、化学性质稳定、惰性、安全、来源广、价格低的萃取剂。在食品工业中采用CO_2为萃取剂。

4. 夹带剂的使用

最初，超临界流体萃取是采用单组分纯气体，如CO_2、N_2O、C_2H_6等，由于其局限性，如对某些物质的溶解度低，选择性不高，分离效果不理想，溶解度对温度、压力变化不够敏感等，导致对某些成分萃取效果并不理想。这可以通过添加少量的夹带剂来修饰，夹带剂的作用是提高溶剂对极性组分的亲和力，它们在超临界CO_2流体中的溶解度较低，能增加萃取分离效率，但萃取结束后，必须设法除去精油中的夹带剂，而蒸除夹带剂时可能会导致易挥发成分的损失及氧化等。常用的夹带剂有水、甲醇、乙醇和丙酮等。在食品香辛料的萃取中，可以将风味上能够配合的两种香辛料混合物作为萃取原料，一种香辛料作为另一种香辛料萃取时的夹带剂，这种混合工艺能明显改善两种产品的分离效果。

5. 超临界CO_2萃取香辛料精油的影响因素

影响超临界CO_2萃取的因素主要有原料的粒度、萃取压力、萃取温度、CO_2流量和萃取时间等。

（1）原料的粒度　在固液萃取时，超临界流体溶剂必须扩散到溶质固体的内部，将溶质溶解，然后再从固体中扩散出来。物料的破碎，增加了固液的接触面积，有利于超临界流体向物料内部的渗透，减少扩散距离，增加传质效率，从而提高流体溶剂的萃取率。研究均表明，原料预粉碎对有效成分的萃取有重要影响。但另一方面物料过细，高压下易被压实，堵塞筛孔，增加了传质阻力，反而不利于萃取。

（2）萃取压力　萃取压力是影响超临界流体萃取工艺的重要参数之一。萃取压力的增加会增大CO_2的密度，致使香辛料中风味物在超临界CO_2中的溶解度增加，同时还会减少分子间的传质距离，增加溶质与溶剂之间的传质效率。但对不同的原料，压力所表现出的影响有所差别。对超临界CO_2提取肉桂精油的研究表明：压力是影响萃取得率最重要的因素，压力增加，得率明显提高。对大果木姜子精油的研究却显示：当压力从10MPa增到15MPa时，收率急剧上升，15MPa以上时，收率变化很小。何军等研究则表明：当压力超过34.475MPa时花椒挥发油萃取率反而有所下降。虽然压力对不同原料萃取得率的影响有所不同，但从实际应用的角度来看，压力的选择应该从萃取得率、设备投资、产品品质等方面综合考虑，一般选用压力为15～35MPa。

（3）萃取温度　萃取温度是超临界萃取的另一重要影响因素，

而且温度对萃取的影响比较复杂：升温一方面增加了物质的扩散系数而利于萃取，另一方面则降低了CO_2的密度，使物质溶解度降低而不利于萃取。另外，温度和压力还具有协同作用的效果，高压下超临界CO_2密度较大，可压缩性小，升温对CO_2的密度降低较小，然而却大大增加了物质的扩散系数而使溶解度增加；相反，低压下超临界CO_2密度小，可压缩性大，升温造成的CO_2密度下降远远大于扩散系数的增加。研究中所表现出的差异，均表明了温度对萃取效率影响的复杂性，合适的萃取温度必须通过实验来确定。另外，温度的选择时，还需考虑萃取成分对温度的敏感程度。

（4）CO_2的流量　超临界CO_2对香辛料风味物的溶解过程是CO_2与香辛料相互渗透和扩散的过程。扩散的速率与CO_2、香辛料之间浓度差有关，在一定条件下，影响浓度差的溶剂流量就是影响扩散速率的主要因素。当流量增大到一定值时，浓度差接近最大值，提取效率不再随流量增大而有明显变化。但是，CO_2流量的增大，会导致能耗增加，从而提高生产成本。所以在实际处理过程中，必须综合考虑选择适当的流体流量。

（5）提取时间　萃取时间对萃取的影响比较单纯，时间越长，萃取会越完全，萃取率也会随之而逐渐增加，但达到一定时间后，再增加时间，提取率增加已不明显。许多研究中往往把时间设为一个足够大的值而不进行专门的研究讨论，但是，在实际生产过程中，时间太长会使生产费用增加，因此选择合适的萃取时间也是非常重要的。

6. 超临界CO_2萃取小茴香油

目前，国内外生产小茴香油主要采用水蒸气蒸馏和有机溶剂提取法，超临界提取小茴香油，其产率和质量优于蒸馏法和溶剂法，并具有原料的芳香味。

（1）主要设备　超临界CO_2萃取设备、粉碎设备。

（2）原料　茴香子，在萃取前先冷冻，再粉碎成一定细度的粉末。二氧化碳，纯度在99.5%左右。

（3）工艺流程

原料→萃取→分离→收集

（4）操作要点　将原料置于萃取器中，开始供给超临界CO_2。萃取条件为压力30～35MPa，温度35～45℃，超临界CO_2由下而上流经萃取器，此时小茴香油被提取，提取液经减压阀减压后流经第一分离器，含脂产品在7MPa左右的压力下不溶于CO_2，沉淀于分离器底部。提取液由第一分离器经减压后流入第二分离器，含油产品在2MPa左右的压力下不溶于CO_2，此时控制温度在20℃左右，含油产品沉淀于分离器的底部。CO_2经第二分离器回收循环使用或排放掉。

（5）注意事项　原料应粉碎成一定的细度，除杂质，水分含量应在15%以下。调节串联分级分离器的萃取压力和温度，可获得不同的产品。

7. 超临界CO_2萃取洋葱油

洋葱油主要用于汤料、肉类、沙司、调料等食品，也可用于药品。采用超临界CO_2流体萃取技术得到的洋葱油比一般蒸馏法得到的洋葱油有更好的品质、更好的色泽和气味。

（1）主要设备　超临界CO_2萃取设备、粉碎设备。

（2）原料　鲜洋葱鳞茎洗净后磨碎待用。二氧化碳纯度在99.5%左右。

（3）工艺流程

洋葱粉→装料→萃取→接收→洋葱油

（4）操作要点　将洋葱粉装入萃取釜中，设置萃取温度、萃取压力。来自钢瓶的CO_2先进入高压储液罐，经冷凝成为液体后经高压泵加压后进入恒温的萃取釜被加热，在萃取釜中与洋葱粉充分接触，带着萃取物的流体经节流阀减压后进入一级分离釜，由于压力降低，温度升高，流体的密度减小，少量溶解于流体中的洋葱油树脂就会从流体中分离出来，流体进入二级分离釜后，大量溶解于流体中的洋葱油就会被分离出来（萃取物主要在此得到），最后流体返回到高压储液罐，经冷凝后再一次进入萃取釜，如此循环反复实现对洋葱油的提取。

（5）注意事项　压力和温度是超临界萃取中最重要的两个参数。在恒定的萃取温度、CO_2流量及萃取时间下，不断改变萃取压力（8～16MPa），在较低的压力时，萃取率随压力升高而增加很快，但超过一定的压力范围后，变化趋于平缓。在恒定萃取其他条件时，改变萃取温度（30～50℃），随温度升高（>35℃），萃取率有所下降；恒定萃取其他条件时，洋葱油萃取率随萃取时间（2～6h）的延长而增大；恒定萃取其他条件时，萃取率随萃取溶剂流量（1.0～3.0L/min）的增大而增大。

8. 超临界 CO_2 萃取大蒜油

大蒜油为淡黄色至橙红色液体，有大蒜特殊的辛辣味。

（1）主要设备　超临界CO_2萃取设备、组织捣碎机。

（2）原料　大蒜为新鲜、无病虫害、充分成熟的紫皮大蒜，4℃储藏备用。二氧化碳纯度在99.5%左右。

（3）工艺流程

大蒜浆液→装料→萃取→接收→大蒜精油

（4）操作要点　将大蒜浆液装入萃取釜中，准确称重，装入萃取槽中，设置萃取温度和萃取压力。CO_2从钢瓶出来，经液化槽液化（0～5℃），然后由高压蠕动泵升压到预定值，进入萃取釜，升温到预定值。于设置的萃取条件下进行萃取。经过预定的萃取时间，将溶有萃取物的超临界CO_2流体从萃取槽中放出，经同轴加温装置加热（一般高于萃取温度10℃以上），通过毛细限流管降至常压，用装有正己烷的收集管接收萃取产物。

（5）注意事项　原料前处理应将大蒜组织捣碎，制成大蒜浆液。调节萃取压力、温度、时间以及夹带剂用量，可获得不同的产品。

（三）分子蒸馏分离技术

分子蒸馏又叫短程蒸馏，是一种在高真空下进行液-液分离操作的连续蒸馏过程。其操作温度远低于物质常压下的沸点温度，且物料被加热的时间非常短，不会对物质本身造成破坏，因而适合于分离高沸点、高黏度、热敏性的物质。国外在20世纪30年代出现分子蒸馏技术，并在60年代开始工业化生产。国内于20世纪80年代中期开始分子蒸馏技术研发。目前，已具备了单级和多级短程降膜式分子蒸馏装置的制造能力和应用技术。目前，分子蒸馏技术已成功地应用于食品、医药、化妆品、精细化工、香料等行业。

分子蒸馏可使物料在最短的热暴露时间内完成分离，避免热敏性香气成分在蒸馏中的损失。经分子蒸馏获得的精油，因除去了其中的酸和色素等次要组分，变得稳定和纯净，色泽浅，香气柔和细腻而浓郁，售价可大幅度升高。因此，该法特别适合于香辛料精油和精油树脂的精制及主要成分的分离纯化，如从肉桂油中分离肉桂醛等。

1. 分子蒸馏的基本原理

不同种类的分子，由于其有效直径不同，自由程也不相同，即不同种类的分子逸出液面后不与其他分子碰撞的飞行距离是不相同的。分子蒸馏技术正是利用不同种类分子逸出液面（蒸发液面）后的平均自由程不同的性质实现的。轻分子的平均自由程大，重分子的平均自由程小，若在离液面小于轻分子的平均自由程而大于重分子平均自由程处设置一冷凝面，使得轻分子落在冷凝面上被冷凝，而重分子因达不到冷凝面而返回原来液面，这样混合物就得到了分离。当进行分子蒸馏时，蒸馏料液通过刮膜作用或蒸发面的高速旋转形成一薄层液膜，由于此薄膜传热快且均匀，液膜在蒸发面上的滞留时间可减小到0.1～1s。此时若蒸馏空间压力降到0.1～1Pa，使蒸发面上蒸汽进行蒸发时毫无阻碍，可使操作温度降低，适用于沸点高、热稳定性差、黏度高或容易爆炸的物质分子蒸馏技术，具有操作温度低、蒸馏压强低、受热时间短、分离程度和产品收率高、无毒、无害、无污染、无残留等特点，且在工业化应用上较其他常规蒸馏具有产品品质好、能耗小、成本低、易放大应用等明显的优势。

2. 分子蒸馏装置

一套完整的分子蒸馏设备主要包括分子蒸发器、脱气系统、进料系统、加热系统、冷却真空系统和控制系统。分子蒸馏装置的核心部分是分子蒸发器，根据形成蒸发液膜的不同设计和结构差异，大致可以分为三大类：降膜式分子蒸馏器、刮膜式分子蒸馏和离心式分子蒸馏器。

（1）降膜式分子蒸馏器　降膜式分子蒸馏器出现最早，结构简单，是利用重力使蒸发面上的物料变为液膜降下的方式。但形成的液膜厚，分离的效率差，热分解程度高，当今世界各国很少采用。

（2）刮膜式分子蒸馏器　刮膜式分子蒸馏器结构较复杂，内部设置一个转动的刮膜器，使物料均匀覆盖在加热面上，强化了传热和传质过程。其优点是，形成的液膜薄，分离效率高，被蒸馏物料在操作温度下停留时间短，热分解程度低，蒸馏过程可以连续进行，生产能力大。缺点是，液体分配装置难以完善，很难保证所有的蒸发表面都被液膜均匀覆盖，液体流动时常发生翻滚现象，所产生的雾沫也常溅到冷凝面上。现在的实验室及工业生产中，大部分都采用该装置。

（3）离心式分子蒸馏器　离心式分子蒸馏装置将物料送到高速旋转的转盘中央，并在旋转面扩展形成薄膜，同时加热蒸发，使之在对面的冷凝面凝缩，该装置是目前较为理想的分子蒸馏装置。但与其他两种装置相比，要求有高速旋转的转盘，又需要较高的真空密封技术。离心式分子蒸馏器与刮膜式分子蒸馏器相比具有以下优点：由于转盘高速旋转，可得到极薄的液膜且液膜分布更均匀，蒸发速率和分离效率更好，物料在蒸发面上的受热时间更短，降低了热敏物质热分解的危险，物料的处理量更大，更适合工业上的连续生产。

3. 分子蒸馏纯化香辛料精油的影响因素

影响分子蒸馏效果的主要因素有温度、压力、进料速度等。

（1）温度因素　根据分子蒸馏的工作原理可知，在一定的真空度下，随着加热温度的上升，沸点低的组分分子受热运动，其运动间距大大超过了加热面和冷凝面的间距，在冷凝面被截留后再被冷凝馏出，馏出物增多。馏出物的多少决定了目的产物得率。

（2）压力因素　在一定条件下，随着蒸馏腔内压力的降低，物料的相对沸点也降低，组分分子运动阻力变小，分子运动间距超过加热面和冷凝面间距被冷凝而馏出，馏出物越多，即得率越高。

（3）进料速度　根据分子蒸馏的工作原理，进料的快慢对物料的受热有一定的影响。如进料太快，物料受热后其分子运动间距不够大而无法达到分离效果，则馏出物得率会受到影响。

4. 分子蒸馏纯化八角精油

（1）主要设备　刮膜式分子蒸馏装置。

（2）原料　由水蒸气蒸馏法制取的八角粗油。

（3）工艺流程　对水蒸气蒸馏法提取的八角粗油按一定工艺条件进行分段分子蒸馏，得到各馏分。

（4）操作要点　八角精油原油经过两次分子蒸馏处理，工艺条件为，第一次蒸馏温度58℃，压力4kPa，进料流速1.5mL/min，刮膜转速305～315r/min，冷凝温度20℃；第二次蒸馏温度50℃，压力60Pa，其他条件同上，得到的最终产品得率为80%左右，反式-茴香醚含量由原来的80%左右提高至90%左右。产品颜色由原来的深黄色变为浅黄色或无色，气味纯正，八角独特香味浓郁、口感甘甜、清爽。

5. 分子蒸馏纯化大蒜精油

（1）主要设备　刮膜式分子蒸馏装置。

（2）原料　由水蒸气蒸馏法制取的大蒜粗油。

（3）工艺流程　对水蒸气蒸馏法提取的大蒜粗油按一定工艺条件进行分段分子蒸馏，得到各馏分。

（4）操作要点　利用刮膜式分子蒸馏设备对大蒜粗油进行分离提纯，一级分子蒸馏的常用工艺条件为，温度50℃，进料速度1.5mL/min，刮膜转速200r/min。经过五级分子蒸馏操作，可以将原料中的二烯丙基三硫醚和二烯丙基四硫醚的总纯度由6%左右提高到85%左右，总得率接近60%。

通过有机溶剂萃取、水蒸气蒸馏法、超临界萃取或分子蒸馏法等制取的香辛料精油一般不能直接食用，需用食用植物油按照适当比例稀释成香辛料油后方能作为调味油使用。

二、香辛料精油的微胶囊化技术

所谓微胶囊化就是将液体、固体和气体包裹在一微小的胶囊之中，在一定的条件下有控制地将芯材释放出来（被包裹的材料称为芯材，包裹材料称为壁材）。通过微胶囊技术可以解决许多传统工艺无法解决的难题，使传统产品的品质得到大大的提高，如改变物质形态、保护敏感成分、降低或掩盖不良味道等。精油的微胶囊化是食品微胶囊技术最早开发研究的领域。由于被微胶囊化物质的性质不同，食品微胶囊化技术也日益多样化，对香辛料精油的微胶囊化而言，易于工业化的主要有喷雾干燥微胶囊化法和包结法微胶囊化法。

（一）喷雾干燥法

喷雾干燥法是香辛料微胶囊制造方法中最为广泛采用的方法，用此法生产的微胶囊占总销售额的90%。该法方便、经济，使用的都是常规设备，产品颗粒均匀，且溶解性好。但又有其缺陷：①颗粒太小，流动性差；②芯材物质易吸附于微胶囊表面，引起氧化，使风味破坏；③为除去水分，使产品相对湿度不高于60%（这对微胶囊结构的稳定是必需的），需要200℃的温度，这会造成高挥发性物质的损失和热敏性物质的破坏；④喷雾干燥所用的温度较高，会产生暴沸的蒸汽，使产品颗粒表面呈多孔结构而无法阻止氧气的进入，产品的货架寿命较短。

1. 香辛料精油喷雾干燥微胶囊化的壁材选用原则

在微胶囊化精油中，对囊壁材料的要求如下。

（1）易溶于水　壁囊物质易溶于水，即便于在喷雾干燥时脱水成型，又可以使微胶囊在复水时迅速崩解，使内容物释放出来。

（2）易于成膜　囊壁材料在喷雾干燥时可形成具有选择通透性的薄膜，这种薄膜使水蒸气通过，将囊心物质有效地保留下来。

(3) 成本低廉　微胶囊化产品的成本问题是人们最关心的问题之一，这项技术能否投入实际应用，关键在于原料的成本。当然，微胶囊化产品的价格不仅与囊壁物质有关，还要涉及包埋率等一系列技术参数。

(4) 可食用性　要求囊壁物质无毒，符合食品添加剂标准。

2. 影响喷雾干燥微胶囊化质量的因素

(1) 微胶囊的固形物含量　微胶囊的固形物含量直接关系到对风味物质的持留能力，固形物含量越高，对风味的持留能力越好。

(2) 黏度　黏度过低会影响干燥时微胶囊壁的形成，导致风味物质的散失，黏度过高会影响喷雾干燥。因此，选择一些黏度适中，能提高固形物含量的壁材，可制成风味持留时间较长的微胶囊化产品。

(3) 壁材的性质　玻璃态是一种最为稳定的物理状态。各种高水溶性的单糖、双糖、麦芽糊精、辛烯基琥珀酸酯化淀粉则能显著增加固形物含量，并有助于形成玻璃态。

(4) 喷雾干燥时进出风温度　与产品结构的疏松多孔、芯材香辛料的破坏、产品的水分含量偏高等问题有关。降低喷雾干燥温度，又使水分含量符合要求，将会明显改善产品质量。

3. 工艺流程介绍

喷雾干燥微胶囊化技术是香辛料精油最主要的微胶囊化方法，传统的喷雾干燥法的工艺步骤可简单描述为，将风味材料加入壁材溶液中，壁材是食品级的亲水胶体，如明胶、植物胶、改性淀粉、葡聚糖、蛋白质等，有时还要加入一些乳化剂，然后进行均质，制成粗乳状液或精乳状液。最后将乳状液送入喷雾干燥器，制成微胶囊粉末。

乳化包裹喷雾干燥微胶囊化工艺流程如图 4-1 所示。乳化包裹微胶囊化过程通常是，将香辛料精油和乳化液、乳化剂按比例一起搅拌均匀，然后在一定温度和均质压力下进行第一次均质，使精油在乳液中均匀分散成微小的胶粒；然后再加入溶解好的包裹液混合均匀，进行第二次均质，即得到微胶囊乳液。乳化剂的种类和均质压力对乳化包裹微胶囊化质量有显著影响，分别如表 4-1 和表 4-2 所示。

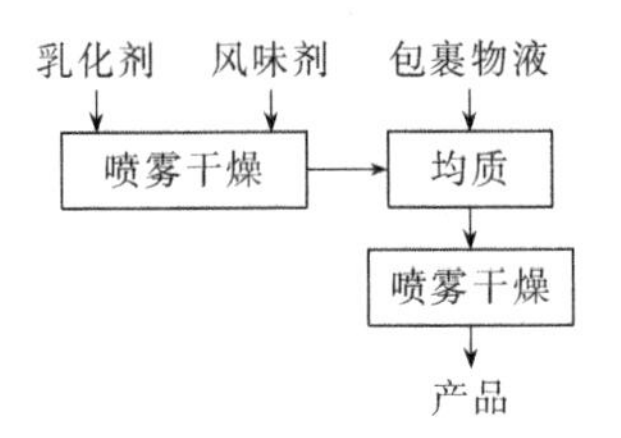

图 4-1　乳化包裹喷雾干燥微胶囊化工艺流程

表 4-1　乳化剂种类对乳化包裹微胶囊化质量的影响

乳化剂种类	添加量/(g/100g)	乳化剂稳定性	包埋率/%	色泽影响
单甘酯	0.2	好	50	无
蔗糖酯 S-15	0.1	较好	80	大
司盘 60	0.05	好	70	小
吐温 80	0.05	好	60	小

在微胶囊料液中加入乳化剂主要有两个方面的作用：一方面改变囊心物质微粒的表面张力，减少微粒间相互吸引聚合的趋向；另一方面增加胶液的成膜性，提高干燥过程中囊心物质的包埋率。不过对不同的壁材和囊心物质，适宜的乳化剂是不同的。

表 4-2　均质压力对乳化包裹微胶囊化质量的影响

样　品	第一次均质压力/MPa	第二次均质压力/MPa	囊心物质平均粒径/μm	整体乳化状况
样品 1	20	20	20～30	颗粒均匀,但凝聚
样品 2	30	10	5～15	颗粒均匀,间隙均匀
样品 3	40	40	2～10	颗粒小,成团,上浮
样品 4	50	50	1～7	颗粒成团,分层上浮

香辛料精油乳化过程有一适宜的均质压力，如表 4-2 所示。达到一定的均质压力后，再增加压力，效果并不理想，过高的均质压力会使已微粒化的油滴又重新聚集，造成油滴上浮，因此宜采用较低的均质压力经两次均质以获得满意的效果。

此外均质温度和壁材对微胶囊化效果有显著的影响，分别如表 4-3 和表 4-4 所示。

表 4-3　均质温度对香辛料精油微胶囊化效果的影响

样　品	物料均质温度/℃	囊心物质平均粒径/μm	囊心物质损失率/%	均质操作状况
样品 1	40	40～100	5	挥发油逸散少
样品 2	50	30～60	7	挥发油逸散较多
样品 3	60	5～15	10	挥发油逸散较多
样品 4	70	5～15	15	挥发油大量逸散

表 4-4　壁材对微胶囊化效果的影响

壁　　材	香辛料精油		喷雾干燥状况及成品感官
	包埋率/%	包埋度/%	
明胶＋阿拉伯胶	83.2	51.0	易回收，粒度好
明胶＋海藻酸钠	82.2	51.5	易回收，粒度好，浅黄色
明胶＋CMC-Na	62.2	53.1	粘壁，不易回收，有丝状物
β-环糊精＋明胶	78.2	26.7	易回收，色白，粒度好
明胶	72.1	41.9	粘壁，可回收，有片状物
明胶＋蔗糖	78.9	44.1	易回收，粒度好
CMC-Na＋蔗糖	63.4	38.8	粘壁，不易回收，粒度大
黄原胶	25.8	63.2	粘壁，不易回收，有丝状物
淀粉磷酸酯钠	82.8	45.3	易回收，色白，粒度细

从表 4-3 可以看出在同样均质压力下，不同的均质温度会明显影响微胶囊的微粒大小和精油的包埋效果。一般随着均质温度的升高，微胶囊颗粒粒径减少，精油损失率增加。因此，在方便操作的前提下宜采用较低的均质温度。

从表 4-4 可知，无论哪种微胶囊化法，壁材的选择对精油微胶囊化的效果至关重要，对精油微胶囊的包埋率、包埋度以及成品外观质量均有显著的影响。

研究结果还表明，具有较高的溶解性、较好的成膜性和干燥特性，且浓度大时黏度较低的壁材才是喷雾干燥法微胶囊化较好的壁材。若这些壁材本身具有优良的乳化特性，则不需另加乳化剂先进行乳化；若壁材乳化特性较差时，应先加入乳化剂进行乳化均质后加入壁材，再进行喷雾干燥才会收到较好的效果。

另外壁材与芯材比例也会显著影响微胶囊化的效果，一般壁材与芯材比例（1～6.5）∶1 较为合适，壁材黏度越大，用量越少。

4. 喷雾干燥条件对精油微胶囊化效果的影响

喷雾干燥条件中进料温度和进出风口温度是影响精油微胶囊化效果的主要因素，其影响分别如表 4-5 和表 4-6 所示。进料温度以 60～70℃为宜。

表 4-5　进料温度对微胶囊化效果的影响

料温/℃	包埋率/%	进料状况	喷雾干燥状况
40	68.0	黏度稍大，稍堵	稍粘壁，回收不全
50	69.7	黏度不大，不堵	略有粘壁，易回收
60	70.2	黏度小，易进料	不粘壁，易回收
70	59.5	黏度小，易进料	不粘壁，易回收

表 4-6　进出风口温度对微胶囊化效果的影响

序号	进风温度/℃	出风温度/℃	包埋率/%	样品含水量/%	喷雾干燥状况
1	140	90	62.1	4.5	粘塔物不变色
2	160	100	68.0	4.0	粘塔物不变色
3	180	110	69.9	3.4	粘塔物不变色
4	200	120	67.5	3.1	粘塔物稍有焦煳
5	220	200	51.2	2.8	粘塔物焦煳

喷雾干燥机的进风口温度和出风口温度对精油的包埋率影响很大，直接影响到成品的质量与品质。从表 4-6 可看出，适当提高进风温度可提高包埋率。这是由于进风温度的提高，使水包油的液滴表面成膜速度提高，而减少了内部挥发性精油的挥发。但进风温度过高，可使已成型的微胶囊发生破裂，且在高温下加速芯材的氧化变质。同时，适当提高入口空气温度应与合理的出口温度相匹配，根据试验结果，喷雾干燥机进口温度为 180℃，出口温度为 110℃较为合适。

（二）凝聚法

凝聚法微胶囊化是将芯材首先稳定地乳化分散在壁材溶液中，然后通过加入另一物质，或者调节 pH 值和温度，或者采用特殊的方法，降低壁材的溶解度，从而使壁材自溶液中凝聚包覆在芯材周围，实现微胶囊化。因操作条件的不同，凝聚法又分单凝聚法、复凝聚法两种。单凝聚法是以一种高分子化合物为壁材，将芯材分散其中后加入凝聚剂（如乙醇或硫酸钠等亲水物）后，由于大量的水分与凝聚剂结合，使壁材的溶解度下降凝聚成微胶囊。复凝聚法是以两种相反电荷的壁材物质作包埋物，芯材分散于其中后，在一定条件下两种壁材由于电荷间的相互作用使溶解度下降凝聚成微胶囊，所制得的微胶囊颗粒分散在液体介质中通过过滤、离心等手段进行收集、干燥，使微胶囊产品成为可自由流动的分散颗粒。凝聚法工艺较简单易控制，可制成十分微小的胶囊颗粒，粒径不到1μm。但这种方法成本高，妨碍了其应用和推广。

复凝聚喷雾干燥法的一般操作过程为，将微胶囊壁材分别配制成适宜浓度的溶液，如10%明胶液和10%阿拉伯胶溶液，将香辛料精油加入明胶溶液中（为了更好地乳化，可加入一定量的乳化剂，如蔗糖酯、单甘酯、吐温等），高速搅拌或过胶体磨乳化，再调pH值至4.0左右使明胶乳化液带正电荷，然后再与带负电荷的阿拉伯胶溶液混合均匀，凝聚成微胶囊，水洗分离后即可喷雾干燥或真空干燥得到微胶囊粉末。其基本工艺流程如图4-2所示。

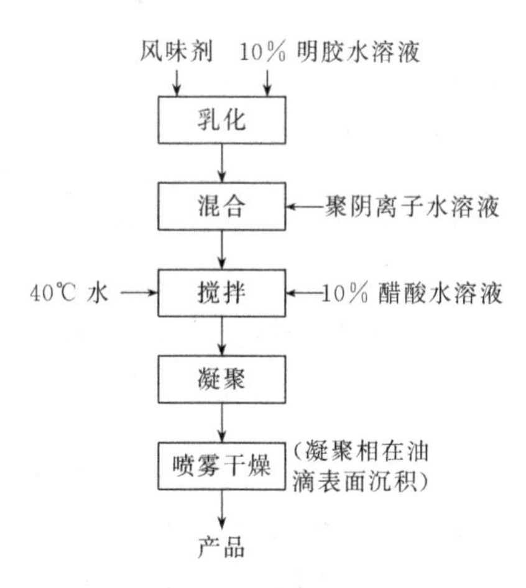

图4-2 复凝聚喷雾干燥微胶囊化工艺流程

胶液浓度、pH值、包埋温度、搅拌时间是影响凝聚法包埋效果的主要因素。

包埋的适宜胶液浓度为1%～2%，当胶液浓度小于1%，不能微胶囊化；当浓度大于2%时，包埋率下降。

包埋pH值应小于4.4，pH值在3.6～4.0之间，包埋率迅速增大，pH值大于4.4包埋率效果极差。

包埋温度不适宜超过45℃，在30～40℃之间，包埋率迅速增大，而再升高温度，包埋率又开始缓慢下降。

搅拌时间在5～15 min以内随着时间延长，包埋率增大，随后趋于平稳。

（三）分子包结法

分子包结法是香辛料精油另一种重要的微胶囊化方法。分子包结法是利用β-环糊精（β-CD）在分子水平上进行包结。β-环糊精是由7个吡喃葡萄糖通过α-1,4糖苷键连接成的，具有环状分子结构的物质。它的分子成油饼形，具有中空的结构，中心具有疏水性，而外层呈亲水性，因此许多疏水性的风味物质能取代它中心的水分子而和它强烈地络合。包结方法一般有两种。第一，饱和水溶液法。先将β-环糊精用水加温制成饱和溶液，再加入芯材料。此法又分为三种情况：水溶性芯材，直接加入β-CD溶液，混合几小时形成复合物，直到作用完全；水难溶液体，直接或先溶于少量有机溶剂，加入β-CD溶液，充分搅拌；水难溶固体，先溶入少量有机溶剂，加入β-CD溶液，充分搅拌至完全形成复合物。通过降低温度，使复合物沉淀，与水分离，用适当溶剂洗去未被包结物质，干燥。第二，固体混合法（研磨法）。β-环糊精中加溶剂2～5倍，加入被包结物，在研磨机中充分搅拌混合1～3h，直至成糊状，干燥后用有机溶剂洗净即可即可。针对香辛料精油的特点，两种包结法的操作过程如下。

（1）饱和水溶液包结法　β-CD溶入30%的乙醇溶液，剧烈搅拌，将溶于96%乙醇的香辛料精油的芯材滴入，经过4～5h混合后，慢慢降温至20℃左右，再降温4℃左右保持15h左右，过滤，真空干燥，即得到微胶囊化的香辛料精油。

（2）研磨法　将β-CD加入5～8倍的乙醇水溶液，再加入芯材，机械研磨1～3h，真空干燥，即可得到微胶囊化的香辛料精油。

饱和水溶液法温度要求严格，操作较复杂，时间长。研磨法虽然机械强度较大，但需时短；研磨法对于香辛料精油包结效果远优于饱和水溶液法。

（四）空气悬浮包埋法

空气悬浮包埋法又称流化床法或喷雾包衣法。将芯材分散悬浮在承载空气流中，然后在包囊室内，将壁材喷洒于循环流动的芯材粒子上，即芯材颗粒表面，可包上厚度适中且均匀的壁材层，从而达到微胶囊化的目的，此法适用于大规模的生产，缺点是细粉不易被气流带走而造成损失，在干燥过程中粒子之间相互碰撞，表面造成磨损。

（五）挤压法

挤压法是将芯材物质分散于溶化了的糖类物质中，然后将其挤压通过一系列模具并进入脱水液体，这时糖类物质凝固变硬，同时将芯材物质包埋于其中，得到一种硬糖状的微胶囊产品。挤压法对热不稳定物质的包埋特别适合，但它的硬糖颗粒的物性也限制了它在某些食品体系中的应用。

（六）香辛料精油微胶囊的制作实例

下面介绍几种香辛料精油微胶囊的制作方法。

1. 大蒜油微胶囊的制作

大蒜油易挥发，若制成微胶囊则利于大蒜油的保藏与应用。

（1）大蒜油的工艺流程

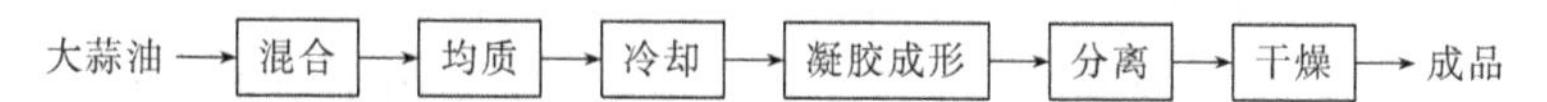

（2）操作要点　将精油150mL与3%海藻酸钠溶液1500mL混合搅拌，转速800r/min，然后加入3%明胶水溶液1500mL，转速500r/min，调pH值为4，以500r/min搅拌乳化20min。让60℃左右的混合液通过350MPa均质机均质，接着降温至5～10℃，并慢速搅拌。用上述冷却液均匀滴入0.25mol/L氯化钙水溶液中，表面立即形成凝胶，生成光滑的微球。待全部凝聚后经水洗过滤得到具有一定强度的微球。把微胶囊在60℃左右烘箱中干燥即为大蒜油微胶囊的制品。

2. 茴香油微胶囊的制备方法

茴香油产品的微胶囊化工艺，主要包括两个部分，即乳化工艺和喷雾干燥工艺，这些工艺参数的选择又与喷雾干燥的设备和芯材与壁材的选择有关。

（1）材料　茴香油、玉米醇溶蛋白、大豆分离蛋白、单甘酯、卵磷脂、黄原胶、麦芽糊精、CMC、磷酸二钠等。

（2）工艺流程

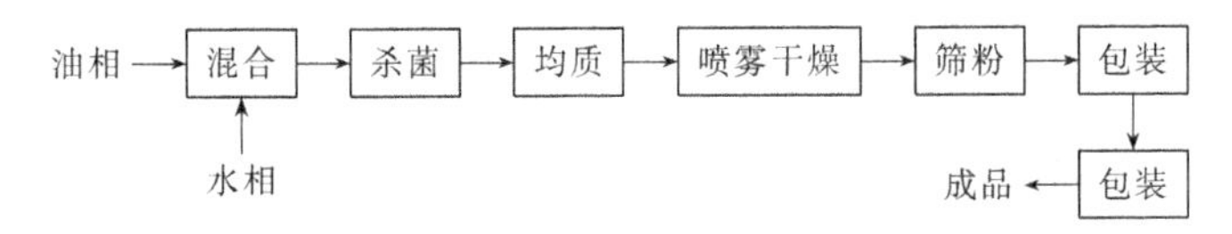

（3）操作要点　微胶囊化茴香油的制备是将水溶性壁材溶于水，搅匀，加入茴香油，搅拌1min；用高压均质机均质(25MPa)；然后喷雾干燥制成粉末。具体的操作过程如下。

① 将先溶解好的胶质溶解在65～70℃的蒸馏水中，恒温30min后加入麦芽糊精搅拌均匀，使溶液没有固体颗粒。然后将已溶解的乳化剂倒入已溶解的油中，搅拌均匀并保持温度恒定，使用氢化油可防油脂的凝固。

② 将水相和油相混合均匀，使总固形物含量20%～35%，并在55～60℃条件下乳化5min。还可用分散器分散（12500r/min）1min。将混合后的物料放在高压灭菌锅内进行灭菌，恒温121℃处理5min。在压力为20～30MPa的条件下，将混合物均质2次。使用气流式喷雾干燥器进行喷雾干燥，使用前先对喷雾干燥塔进行预热，使进风温度达195℃，出风温度达到85～95℃。特别注意的是出口温度必须达到所设温度。出塔的产品应自然冷却到常温，过细筛后成为产品，产品的含油量一般在40%～75%。

第二节　精油树脂的加工

香辛料精油树脂是指采用溶剂浸提香辛料后蒸去溶剂所得的

液态制品。通常为色泽较深、黏度较大的油状物。可溶性提取物中除含精油外，还含有其他不挥发的化合物（抗氧化剂、色素等）。对不同类型的香辛料，所使用的溶剂不同。溶剂可用水或含水20％～80％的有机溶剂提取，有机溶剂可使用乙醇、丙二醇和甘油等。

在木本和草本香辛料中大多没有或很少含有挥发性精油，或因储存不当挥发性物质分解而不能提取精油，但都能萃取得到精油树脂。植物中的树脂和脂肪油，对挥发性精油成分起着天然定香剂作用，而精油则缺乏这类天然定香剂。因此，与精油相比，香辛料油树脂有更完全和丰富的风味，十分接近于原天然香辛料，在风味物的利用价值上，可比原香辛料节省一半；精油树脂稳定，更适合于在需高温处理的食品中调味使用。

国外食品制造业都趋于使用精油树脂代替食用植物香辛料粉末，主要有以下优点：①卫生，在制造过程中使微生物丧失生长繁殖能力，且在精油树脂中微生物无法生存；②利用率高，精油树脂能将植物香辛料中的绝大部分赋香成分提取出来，使用中可分散均匀，呈味能力强，对加香产品无斑点，杜绝外观颜色变化，提高存放期；③精油树脂体积小，易保存，变质机会少，因其活性成分被脂肪包围，被氧化机会少，又由于精油树脂中含有天然抗氧化成分，对其稳定性有很大好处；④制成的精油树脂使用、管理极为方便，且经济、实用。

香辛料精油树脂的缺点：在回收溶剂时会带走一部分挥发性成分，头香尚有不足；由于黏稠，难以精确称量，有时会在容器壁上黏附残留而影响食品风味，另外不同的香辛料精油树脂有不同的黏度，要混合均匀相当费时；易于以次充好，用质量不高的香辛料代替好的香辛料，影响质量；精油树脂中仍有鞣质存在，除非进一步的加工；仍有部分溶剂残留，除非将溶剂回收相当彻底。

香辛料精油树脂除可直接利用外，还可与其他物质结合，形成各种类型的油树脂，以供生产、生活所需。如强化油树脂、乳化油树脂、胶囊化油树脂、干性可溶性香辛料。

一、香辛料油树脂的生产工艺

近三十多年来，人们对香辛料油树脂的研究和应用方面取得了很大的进展，特别是在油树脂的提取、分离、分析鉴定方面，运用超临界流体萃取、气相色谱、高效液相色谱、质谱、远红外光谱等新技术手段，有效地提取香辛料中主体风味成分和抗菌、抗氧化等活性成分，对主要香辛料油树脂中物质的化学组成、分子结构进行了分析鉴定，为对香辛料油树脂的进一步生产和应用奠定了坚实的基础。

（一）溶剂的选择

香辛料精油树脂通过溶剂萃取方法制得，为提高香辛料中有效成分的提取得率和效率，选择溶剂应综合考虑溶剂的挥发性、溶解力、毒性、气味、化学性质以及黏度、安全性、易燃性、价格等。常用溶剂包括乙醇、石油醚、二氯乙烷、三氯甲烷、乙酸乙酯、正己烷等常规溶剂和二氧化碳等超临界流体。

由于二氯乙烷、三氯甲烷有致癌危险，一般不用作食用油树脂的提取溶剂。丙酮是国外提取香辛料油树脂的常用溶剂，但由于它的溶水性会使原料水分溶出，使丙酮的浓度变稀，降低其对精油成分的溶解度，另外水溶性的非香味物质如多糖、胶类物质等的溶出，影响产品品质。丙酮在碱性条件下还会生成4-甲基-3-戊烯-2-酮，该成分在食用油树脂中规定含量不超过0.001%，因而，丙酮不适宜提取精油树脂。乙醇也有类似的水溶性问题，但由于价格低、食用安全和便于生产管理，成为目前实际生产中常用萃取溶剂，目前国内常用95%的乙醇提取姜油树脂、花椒油树脂、丁香油树脂等。

由于超临界流体同时兼有液体和气体的长处，它具有与液体相近的密度和介电常数，有利于溶剂和溶质分子之间的相互作用力，提高溶剂效能；又具有与气体相近的黏度，扩散系数也远大于一般的液体，有利于传质和溶质、溶剂间的分离，提高萃取效率，也无需进行溶剂蒸馏回收。在超临界流体中，因CO_2无毒无害，价格低廉，又容易回收，产品无溶剂残留，被认为是目前理想的香辛料油树脂萃取溶剂。

（二）提取工艺

油树脂提取工艺有索氏抽提式、热回流式、搅拌浸提式、浮滤式、逆流浸提罐式以及超临界萃取等。索氏抽提式适宜于丙酮、石油醚等沸点低的溶剂，它可减少溶剂用量，提高提取效率，但较长时间处于加热状态，易造成热敏性成分的破坏或损失。逆流浸提能有效保持可溶性成分在香辛料与在溶剂中的浓度差，从而提高了有效成分的溶出量和溶剂有效成分的含量、粒度、溶剂种类、温度、时间等参数。

超临界流体萃取技术常用于香辛料油树脂的提取。影响超临界萃取的因素有物料的含水量、粒度、萃取压力、温度、时间以及液体流量等。

（三）油树脂成分的分析与鉴定

1. 分离与成分鉴定

对油树脂的分离，可采用分馏柱、分子蒸馏、冻析法、重结晶法、超临界萃取法等物理方法，以获得较纯的组分或单一成分。目前的超临界萃取设备上，一般都装有精馏塔，通过调节各段精馏塔的温度和压力，对油树脂中不同溶解性质的组分进行粗分离，也可在萃取时就通过调节压力和温度来对组分进行分离。要对油树脂组分进行高效分离，则需用分子蒸馏、柱层析、气相色谱（GC）、高效液相色谱（HPLC）等分析技术手段。气相色谱法特别适用于分析具有挥发性的或可转化为挥发性的有机化合物。高效液相色谱是以液体作为流动相，可在常温下对有机物质进行分离，特别适合于分析极性强、热稳定性差、难挥发的有机化合物。GC 和 HPLC 是分析香辛料油树脂组成时的主要分离手段。对油树脂中各组分的分子结构和分子量进行定性鉴定可借助质谱、红外光谱、紫外光谱和核磁共振等分析仪器。在对组分进行定性分析前，必须对混合组分进行高效分离，减少各成分间的干扰。由于色谱-质谱联用仪（GC/MS、LC/MS）发挥了色谱法对复杂混合物的高效分离的特长和质谱在鉴定化合物中的高分辨能力，提高了分析效率和分析质量，因而成为目前分析香辛料挥发性油最常采用的方法。GC/MC

已被用于花椒挥发油、八角茴香油、姜黄油树脂、生姜油树脂、大蒜油等组分的分析鉴定。

2. 定量分析

可通过检测香辛料原料和油树脂中某主体风味成分的含量来分析萃取效率和产品质量。对油树脂中各组分的定量分析可用色谱峰的峰面积值（或峰高值）作为计量依据。对这些主体成分的定量检测，还可根据其已知分子结构和物化性质来进行检测。用电位滴定法与 Bennett Salamon 创造的羟胺法相结合，测定含羰基的生姜中姜油酮和花椒中花椒油素的含量。用分光光度计法（343 nm）或凯氏定氮法检测胡椒油树脂中的胡椒碱含量，采用“scoville”热单位的感官评定法测辣椒油树脂中的辣椒素含量。也可提取出其含有的精油，与标准的精油红外光谱对照。对香辛料油树脂品质的评定，通常都要结合感官鉴评的方法。

（四）陈皮油树脂的制备及应用

1. 主要设备

真空干燥箱、索氏抽提器、粉碎机。

2. 工艺流程

原料 → 干燥 → 粉碎 → 装料 → 抽提 → 浓缩 → 陈皮油树脂

3. 操作要点

制备时先将陈皮放入真空干燥箱中干燥，使其水分含量低于9%，干燥后的陈皮用粉碎机粉碎至 30 目左右。将索氏提取器安装得当，与电热设备配合恰当，接通冷凝器。装料时注意勿将原料粉末粘在试管壁，可用滤纸卷成圆锥状将陈皮粉装入，将尖端扎紧，放入索氏提取器中。选用 95%的乙醇，按料液比 1∶10、萃取时间3h、加热温度 100℃进行抽提。抽提时首先将冷凝管接通，开始加热，酒精慢慢升入索氏提取器中，将香辛料粉浸透，待索氏提取器中乙醇达到一定含量时，会重新回落到烧瓶中，这样反复几次，待到 3h 后止。抽提后将提取的油树脂先进行常压浓缩，注意浓缩速度不宜太快，待提取液变黏稠即可停止，然后放入旋转蒸发器中减压脱溶剂，控制温度75～80℃，转速40r/min。

4. 应用

在实际应用中陈皮油树脂需稀释，通常用5～10倍的色拉油稀释，从而制成陈皮调味油，应用更加方便。

（五）姜油树脂的制备及应用

姜的特有香气主要是由存在于表皮组织的挥发油决定的，这种挥发油虽可采用蒸馏法获得，但它缺少高价值的辛辣味（包括姜醇、姜油酮和生姜素等）。这些辣味成分是不挥发的，它们可以用适当的挥发性溶剂（如乙醇、丙酮等）进行冷渗滤提取，然后在真空条件下除去溶剂而得到浓缩状态的深褐色黏稠油树脂物质，即姜油树脂。常用的姜油树脂的提取方法有4种。

1. 溶剂浸提法

包括直接溶剂浸泡法和索氏提取法。其中用乙醇连续索氏提取比用丙酮能获得更多的姜油树脂。

2. 压榨法

利用压榨机械手段对洗净的生姜直接处理，获得其中的姜油树脂。此法所得的姜油量除了与生姜本身质量有关外，更与生姜的预处理和压榨设施的操作情况有关。

3. 超临界CO_2萃取法

超临界CO_2萃取法反应条件温和，无溶剂残留，选择性易于控制。用该法提取出来的姜油树脂具有高品质的风味，且含有轻分子精油组分产生的微妙芳香气味。而其温和的操作条件，则为生姜油树脂制备后所得的下游废脚料的利用提供了可能。

4. 渗滤法

（1）主要设备　真空干燥箱、索氏抽提器、粉碎机。

（2）工艺流程

（3）操作要点　将鲜老姜去除霉烂变质部分，清洗、沥水，称重，在高速组织捣碎机中，以6000r/min速度打浆3 min，过40目筛得到姜泥。将所得的姜泥装入连续渗滤装置中，用95%酒精为溶剂，浸渍24h后，以5mL/min的流速室温下进行渗滤，渗滤液在恒温水浴40～45℃，8400～8500Pa下减压蒸馏回收酒精，得含水油树脂。

这种姜油树脂不仅含有所希望的辛辣成分，而且香气、香味、辣味俱全，其品质优于姜油。姜油树脂的得率因使用的溶剂不同而不同，如：乙醇为3.1%～7.3%，丙酮为5%～11%，二氯乙烷为5%～6%，三氯乙烷为4%～5%。

（六）丁香油树脂的制备及应用

1. 主要设备

真空干燥箱、索氏抽提器、粉碎机。

2. 工艺流程

原料 → 干燥 → 粉碎 → 装料 → 抽提 → 浓缩 → 丁香油树脂

3. 操作要点

将丁香真空干燥至水分含量低于9%，粉碎机粉碎至30目左右。将索氏抽提器安装得当，与电热设备配合恰当，接通冷凝器。装料时注意勿将香辛料粉末粘在试管壁，可用滤纸卷成圆锥状将丁香粉装入，将尖端扎紧，放入索氏抽提器中。选用95%的乙醇，按料液比1∶10、萃取时间3h、加热温度100℃进行抽提。抽提时首先将冷凝管接通，开始加热，酒精慢慢升入索氏抽提器中，将香辛料粉浸透，待索氏抽提器中乙醇达到一定含量时，会重新回落到烧瓶中，这样反复几次，待到3h后止。抽提后将提取的油树脂先进行常压浓缩，注意浓缩速度不宜太快，待提取液变黏稠即可停止，然后放入旋转蒸发器中减压脱溶剂即可。

二、香辛料油树脂微胶囊的生产工艺

目前，将食品烹调及食品行业中经常使用的一些天然香辛料调味品进行微胶囊化处理后，再直接用于烹调及食品生产，因其可达到提高资源利用率，延长调味品的保存（鲜）期及使用方便等目的，越来越受到人们的重视。

（一）香辛料油树脂微胶囊的生产

将香辛料油进行微囊化处理—制成微胶囊，主要采用两种方式。

（1）将天然香辛料中作为呈味主体的挥发性精油提取出作为芯材，然后再将该精油与壁材混合、均质乳化、包囊，最后经高温喷雾干燥而制得相应的精油微胶囊。

采用精油作芯材并通过高温喷雾干燥制得微胶囊的不足之处在于精油及其挥发性物质损失较大，包埋率低；高温干燥时有的组分遭到破坏，产生一些新组分而使香味、口感变劣，影响产品的质量；此外，还存在精油提取过程中原料中的香气、味觉成分难于完全提出，获得率较低，原料利用不充分，以及高温干燥需配备高温锅炉，设备投资大等缺陷。

（2）采用油树脂做芯材，因油树脂中既含有代表香辛料香气的精油，还含有沸点较高的倍半萜及代表辛香味的树脂及天然抗氧化剂成分，因而具有良好的抗氧化分解能力，味感柔和圆润，香味和辛辣味等协调，储存期长及香辛料中的有效成分能较完整地得到萃取等优点。

该技术虽然具有采用油树脂作芯材生产微胶囊的诸多优点，但其仅用单一的阿拉伯胶作壁材，经均质乳化包囊后，先经无水乙醇脱水，再经真空干燥而制得微胶囊，其中阿拉伯胶终浓度大40%，无水乙醇与乳化液比率为10∶1时芯材包埋率仅达83%，同时必须增加乙醇回收装置；而真空干燥时微胶囊极易粘连成块而难于成粉或粒状，影响产品质量。因此，该法又存在生产成本高、附属设备投资较大、粉粒度差、难以保证产品质量等弊病。

（二）姜油树脂微胶囊的生产

1. 主要设备

高速组织捣碎机、连续渗漉装置、均质机、喷雾干燥机。

2. 原料

鲜姜、阿拉伯胶、麦芽糊精。

3. 工艺流程

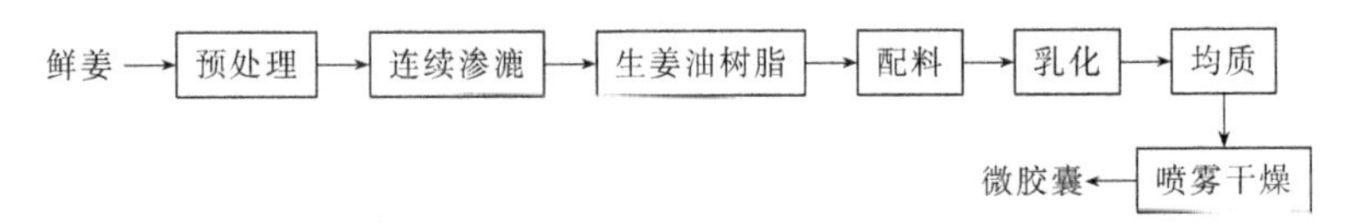

4. 操作要点

(1) 预处理　采用鲜姜(含水率87%)作原料，除去杂质及变质部分清洗沥干后重40kg，送入高速组织捣碎机中，在10000r/min转速下间歇3min打浆，过20目筛除去粗纤维等，得到姜泥。

(2) 连续渗漉　以浓度为90%的乙醇10kg为溶剂，将所得姜泥浸渍24h后送入连续渗漉装置中，在室温下，以5mL/min的流速进行渗漉。再将渗漉液在8.4～8.5MPa及40～45℃条件下，减压蒸馏以回收乙醇，从而得含水油树脂2520g(88.44%)。渗漉萃取后的渣亦用上述减压蒸馏装置回收乙醇后除去(渣量1980g)。合并回收溶剂，用1%活性炭除臭后重新利用。

(3) 乳化　壁材采用阿拉伯胶、麦芽糊精配制，加水，将其与上述所得含水油树脂加入高速组织捣碎机中，在10000r/min转速下乳化成原乳，此时无水油树脂：食用胶：水=1：1：8。然后再将原乳送入均质机中，室温下进行两次均质乳化，第一次10～20MPa均质6min，第二次30～60MPa，均质9min，得均匀稳定的O/W型乳剂(乳剂含水80%)。

(4) 喷雾干燥　将上述乳剂加热到45～50℃，泵入喷雾干燥机中进行低温雾化干燥。泵压0.2MPa，喷嘴孔径1mm，干燥机进风温度80℃，出风温度50℃，制得粉状生姜油树脂微胶囊。

该实施例所得微胶囊中，含水率3.81%；芯材包埋率96.76%；收得率95.88%；有效成分含量1.62%；乙醇残留量4.5μg/g；粒径采用电子显微镜扫描，平均粒径为39.5μm。

（三）大蒜油树脂微胶囊的生产

1. 主要设备

高速组织捣碎机、连续渗漉装置、均质机、喷雾干燥机。

2. 原料

鲜蒜、阿拉伯胶、麦芽糊精。

3. 工艺流程

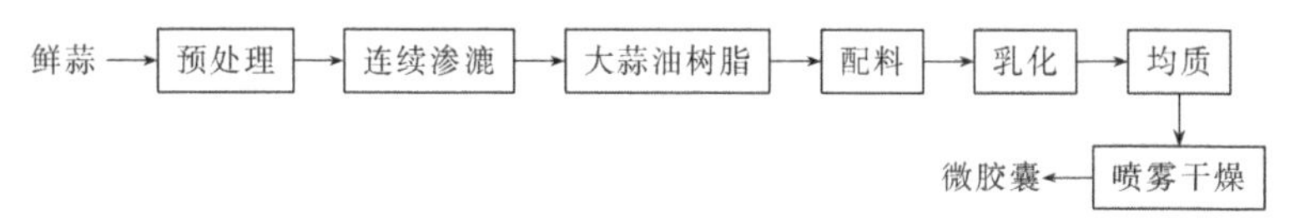

4. 操作要点

（1）预处理　鲜蒜（含水率70%）经挑选，分瓣去筋，清洗沥干，置于高速捣碎机中，在转速10000r/min条件下，间歇式3min打浆，过筛去皮，得蒜泥。

（2）连续渗漉　将上述蒜泥，置于体积分数为55%的乙醇中浸渍24h后，送入连续渗漉装置中，然后按实施（姜油树脂微胶囊的生产）的方式渗漉及回收溶剂，制得含水油树脂（含水率85.57%）。

（3）乳化　壁材采用阿拉伯胶、麦芽糊精配制，加水，在与姜油树脂微胶囊生产相同的条件下与制得的含水油树脂混合乳化成原乳，此时无水油树脂∶食用胶∶水=1∶1∶6，阿拉伯胶∶麦芽糊精=1∶9，再与姜油树脂微胶囊相同的方式进行两次均质得O/W型乳剂（含水率75%）。

（4）喷雾干燥　与姜油树脂微胶囊生产相同，最后得粉状大蒜油树脂微胶囊。

所得大蒜微胶囊中，含水率7.12%，芯材包埋率97%，收得率96.4%，有效成分含量0.48%，乙醇残留量4.2μg/g，微胶囊平均粒度为47.25μm。

第五章 香辛料生产设备

第一节 香辛料输送机械

在香辛料加工生产中，存在着大量物料如原料、辅料、废料、成品或半成品及物料载盛器的输送问题。为了提高劳动生产率和减轻劳动强度，需要采用各式各样的输送机械来完成物料的输送任务。输送固体物料时，采用各种类型的输送机，如带式输送机、斗式提升机、螺旋输送机、气力输送装置等来完成物料的输送任务。

一、带式输送机

带式输送机是一种利用强度高而具有挠性的输送带连续地输送物料的输送机，可用于块状、颗粒状香辛料产品及整件物料进行水平方向或倾斜方向的运送。同时还可用作选择、检查、包装、清洗和预处理操作台等。

带式输送机的工作速度范围广（0.02～4.00m/s），输送距离长，生产效率高，所需动力不大，结构简单可靠，使用方便，维护检修容易，无噪声，能够在全机身中任何地方进行装料和卸料。主要缺点是输送轻质粉状物料时易飞扬，倾斜角度不能太大。

带式输送机是具有挠性牵引构件的运输机构的一种形式，主要由封闭的环形输送带、托辊和机架、驱动装置、张紧装置所组成。

二、斗式提升机

在连续化生产中，有时需将物料沿垂直方向或接近于垂直方向进行输送。由于采用带式输送机时倾斜输送的角度必须小于物料在输送带上的静止角，输送物料方向与水平方向的角度不能太大，此时应该采用斗式提升机。如香辛料厂输送散装物料时，把物料从料槽升送到预煮机都采用斗式提升机。

斗式提升机的主要优点是占地面积小，可把物料提升到较高的位置（30～50m），生产率范围较大（3～160m^3/h）。缺点是过载敏感，必须连续均匀地供料。斗式提升机按输送物料的方向可分为倾斜式和垂直式两种；按牵引机构的不同，又可分为皮带斗式和链条斗式（单链式和双链式）两种；按输送速度来分有高速和低速两种。

斗式提升机的装料方式分为挖取式和撒入式。前者适用于粉末状、散粒状物料，输送速度较高，可达 2m/s，料斗间隔排列。后者适用于输送大块和磨损性大的物料，输送速度较低（$<1m/s$），料斗呈密接排列。物料装入料斗后，提升到上部进行卸料。卸料时，可以采用离心抛出、靠重力下落和离心与重力同时作用等三种形式。

三、螺旋输送机

螺旋输送机是一种不带挠性牵引件的连续输送机械，主要用于各种干燥松散的粉状、粒状、小块状物料的输送。例如辣椒粉、花椒等的输送。在输送过程中，还可对物料进行搅拌、混合、加热和冷却等工艺。但不宜输送易变质的、黏性大的、易结块的及大块的物料。

螺旋输送机的结构简单，横截面尺寸小，密封性能好，便于中间装料和卸料，操作安全方便，制造成本低。但输送过程中物料易破碎，零件磨损较大，消耗功率较大。螺旋输送机使用的环境温度为－20～50℃，物料温度<200℃，一般输送倾角 $\beta \leqslant 20°$。螺旋输送机的输送能力一般在 40m^3/h 以下，高的可达 150m^3/h。输送长

度一般<40m，最长不超过70m。

螺旋输送机由一根装有螺旋叶片的转轴和料槽组成。转轴通过轴承安装在料槽两端轴承座上，一端的轴头与驱动装置相连，机身如较长再加中间轴承。料槽顶面和槽底分别开进、出料口。物料的输送是靠旋转的螺旋叶片将物料推移而进行的。使物料不与螺旋叶片一起旋转的力是物料自身重量和料槽及叶片对物料的摩擦阻力。旋转轴上焊有螺旋叶片，叶片的面型根据输送物料的不同有实体面型、带式面型、叶片面型等。转轴在物料运动方向的终端有止推轴承，以承受物料给螺旋的轴向反力。

四、气力输送装置

运用风机（或其他气源）使管道内形成一定速度的气流，达到将散粒物料沿一定的管路从一处输送到另一处，称为气力输送。人们在长期的生产实践中，认识了空气流动的客观规律，根据生产上输送散粒物料的要求，创造和发展了气力输送装置。气力输送装置今天已成为散粒物料如香辛料颗粒等装卸和输送的现代化工具之一。

与其他输送机相比，气力输送装置具有许多优点：①输送过程密封，因此物料损失很少，且能保证物料不易吸湿、污染或混入其他杂质，同时输送场所灰尘大大减少，从而改善了劳动条件；②结构简单，装卸、管理方便；③可同时配合进行各种工艺过程，如混合、分选、烘干、冷却等，工艺过程的连续化程度高，便于实现自动化操作；④输送生产率较高，尤其利于实现散装物料运输机械化，可极大提高生产率，降低装卸成本。

气力输送也有不足之处：①动力消耗较大；②管道及其他与被输送物料接触的构件易磨损，尤其是在输送摩擦性较大的物料时；③输送物料品种有一定的限制，不宜输送易成团黏结和易碎的物料。

五、刮板输送机

刮板输送机是借助于牵引构件上刮板的推动力，使散粒物料沿着料槽连续移动的输送机。料槽内料层表面低于刮板上缘的刮板输送机称为普通刮板输送机，料层表面高于刮板上缘的刮板输送机称为埋刮板输送机。

六、振动输送机

振动输送机是利用振动技术，对松散态颗粒物料进行中、短距离输送的输送机械。

振动输送机主要由输送槽、激振器、主振弹簧、导向杆、平衡底架、进料装置、卸料装置等部分组成。其中，输送槽用于输送物料，底架主要平衡槽体的惯性力，减小传到基础的动载荷。激振器是振动输送机的动力源，产生周期性变化的激振力，使输送槽与平衡底架持续振动。主振弹簧支承输送槽，通常倾斜安装，斜置倾角为振动角。它的作用是使振动输送机有适宜的近共振工作点（频率比），便于系统的动能和势能互相转化，有效地利用振动能量。导向杆的作用是使槽体与底架沿垂直于导向杆中心线作相对振动。它通过橡胶铰链与槽体和底架连接。进料装置与卸料装置用来控制物料流量，通常与槽体软连接。按物料的输送方向，有水平、微倾斜及垂直振动输送机。

第二节 香辛料分选分离设备

许多香辛料原料在收集、运输和储藏过程中混入了泥砂、石草等杂物。工厂在进行产品加工之前，必须对这些杂物进行清理，否则将会影响成品质量，损害人体健康，并且对后序加工设备造成不利影响。

为了使香辛料原料的规格和品质指标达到标准，需要对物料进行分选或分级，分选是指清除物料中的异物及杂质；分级是指对分选后的物料按其尺寸、形状、密度、颜色或品质等特性分成等级。分选与分级作业的工作原理和方法虽有不同之处，但往往是在同一个设备上完成的。

香辛料原料常用的分选、分级有多种方法，较为常见的方式有以下几种。①按物料的宽度分选、分级，一般可采用筛分，通常圆形筛孔可以对颗粒物料的宽度差别进行分选和分级，长形筛孔可以针对颗粒物料的厚度差别进行分选和分级。②按物料的长度分选、分级，利用旋转工作面上的袋孔（一般称为窝眼）对物料进行分选和分级。③按物料的密度分选、分级，主要用于颗粒的粒度或形状相仿但密度不同的物料，利用颗粒群相对运动过程中产生的离析现象进行分选和分级。颗粒群的相对运动可以由工作面的摇动或气流造成。④按物料的流体动力特性分选、分级，主要是利用物料的流体动力特性的差别，在垂直、水平或者倾斜的气流或水流中进行分选和分级，实际上是综合了物料的粒度、形状、表面状态以及密度等各种因素进行的分选和分级。⑤按物料的电磁特性分选，主要用于香辛料原料中铁杂质的去除。⑥按物料的光电特性分选、分级，利用物料的表面颜色差异，分出物料中的异色物料，如辣椒色选机等。⑦按物料的内部品质分选、分级，根据物料的质量指标（如水分、糖度、酸度等化学含量）进行分选和分级，采用的方法往往是物料的某些成分对光学特性的影响、对磁特性的影响、对力学特性的影响、对温度特性的影响等无损检测的方法。从香辛料安全性和营养性考虑，内部品质的分选和分级比其他的分选和分级更具有广泛的意义。⑧按物料的其他性质分级，采用某些与物料的品质指标有关联的物理方法检测物料并进行分选、分级。如采用嗅觉传感器检测物料的味道，采用计算机视觉系统检测物料的纹理、灰度等。

许多香辛料的原料、半成品和成品都是粉粒料，粉粒料中的颗粒常有不同的粒度、粒形、表面粗糙度、密度、颜色、磁性、介电性等各种不同的物理性质，其中根据不同的粒度和粒形特征进行分选的筛分机械是粉粒料中最常用的机械。

一、摆动筛

摆动筛又称摇动筛，摆动筛和振动筛均属于平筛类，两者区别不大。与振动筛相比，摆动筛摆动幅度较大，数量级为厘米，振动筛振幅数量级为毫米。摆动筛是以往复运动为主，而以振动为辅，摆动次数在 600 次/min 以下。摆动筛通常采用曲柄连杆机构传动，电动机通过皮带传动使偏心轮回转，偏心轮带动曲柄连杆使机体（上有筛架）沿着一定方向作往复运动。由于机体的摆动，使筛面上的物料以一定的速度向筛架的倾斜端移动。筛架上装有多层活动筛网，小于第一层筛孔的物料从第一层筛子落到第二层筛子，而大于第一层筛孔的物料则从第一层筛子的倾斜端排出收集为一个级别，其他级别依此类推。

摆动筛的机体运动方向垂直于支杆或悬杆的中心线，机体向出料方向有一倾斜角度，由于机体摆动和倾角存在而使筛面上的物料以一定的速度向前运动，物料是在运动过程中进行分级的。摆动筛的优点，摆动筛的筛面是平的，因而全部筛面都在工作，制造和安装都比较容易，结构简单，调换筛面十分方便，适用于多种物料的分级。缺点是动力平衡较差，运行时连杆机构易损坏，噪声较大等。

二、除石机

除石机用于除去原料中的砂石。常用的方法有筛选法和比重法等。筛选法除石机是利用砂石的形状和体积大小与加工原料的不同，利用筛孔形状和大小的不同除去砂石。密度除石机是利用砂石与原料密度不同，在不断振动或外力（如风力、水力、离心力等）作用下，除去砂石。

（一）粒状原料密度除石机

密度除石机常用于清除物料中密度比原料大的并肩石（石子大小类似豆类）等重杂质的一种装备。该机主要由进料、筛体排石装置、吹风装置、偏心振动机构等部分组成。

（二）块根类原料除石机

块根类原料除石机是用来除去块根类香辛料加工原料中的石块泥砂。其工作原理是砂石与生姜等原料的密度差较大，从而利用它们在水中不同的沉降速度进行分离。

三、除铁机

除铁机用于除去原料中的铁质磁性杂物，如铁片、铁钉、螺丝等。常用的方法是磁选法，利用磁力作用除去夹杂在香辛料原料中的铁质杂物。

香辛料原料在加工前必须经过严格的磁选，除去夹在原料中的铁性杂质，香辛料原料中混入的磁性金属杂质，对加工机械和人身安全危害较大，必须用除铁机去除。除铁机又称磁力除铁机，它的主要工作部件是磁体。每个磁体都有两个磁极，其周围存在磁场，磁体分为电磁式和永磁式两种形式。电磁式除铁机磁力稳定，性能可靠，但必须保证一定的电流。永磁式除铁机结构简单，使用维护方便，不耗电能，但使用方法不当或时间过长磁性会退化。

磁选设备有永磁溜管、胶带式除铁机和永磁滚筒等。

四、光电分选分级机械与设备

香辛料在种植、加工、储藏、流通等过程中难免会出现缺陷，例如含有异种异色颗粒、变霉变质粒、机械损伤等，因而在工业生产中有必要对产品进行检测和分选。然而，常规手段大多依靠跟手配合的人工分选，具有生产率低、劳动力费用高、容易受主观因素的干扰、精确度低等缺陷，无法对颜色变化进行有效分选。光电检测和分选技术克服了手工分选的缺点，具有以下明显的优越性：①既能检测表面品质，又能检测内部品质，而且检测为非接触性的、非破坏性的，经过检测和分选的产品可以直接出售或进行后续工序的处理。②排除了主观因素的影响，对产品进行全数（100%）检测，保证了分选的精确和可靠性。③劳动强度低，自动化程度高，生产费用降低，便于实现在线检测。④机械的适应能力强，通过调节背景光或比色板，即可以处理不同的物料，生产能力大，适应了日益发展的商品市场的需要和工厂化加工的要求。

香辛料植物是在自然条件下生长的，它们的叶、茎、秆、果实等在阳光的抚育下，形成了各自固有的颜色。这些颜色受到辐照、营养、水分、生长环境、病虫害、损伤、成熟程度等诸因素的影响，会偏离或改变其固有的颜色。换言之，人们可以通过农产品的颜色变化，识别、评价它们的品质（包括内部的成分含量，如糖度、酸度、淀粉、蛋白质等成分含量）特性。

色选机是利用光电原理，从大量散装产品中将颜色不正常或感染病虫害的个体（球状、块状或颗粒状）以及外来杂质检测分离的设备。光电色选机的工作原理：储料斗中的物料由振动喂料器送入通道成单行排列，依次落入光电检测室，从电子视镜与比色板之间通过。被选颗粒对光的反射及比色板的反射在电子视镜中相比较，颜色的差异使电子视镜内部的电压改变，并经放大。如果信号差别超过自动控制水平的预置值，即被存储延时，随即驱动气阀，高速喷射气流将物料吹送入旁路通道。而合格品流经光电检测室时，检测信号与标准信号差别微小，信号经处理判断为正常，气流喷嘴不动作，物料进入合格品通道。

光电色选机主要由供料系统、检测系统、信号处理与控制电路、剔除系统四部分组成。

五、金属及异杂物识别机械

香辛料加工过程中，不可避免地会受到金属或其他异物的污染。为此，在香辛料生产线中（尤其是自动化和大规模生产过程中），由于产品安全、设备防护、法规或（客户）合同要求等原因，往往需要安装金属探测器或异物探测器。

第三节 香辛料粉碎机械与设备

粉碎是制取香辛料粉或以香辛料为原料提取精油、油树脂等时常用的操作步骤。粉碎是用机械力的方法克服固体物料内部凝聚力达到使之破碎的单元操作。习惯上有时将大块物料分裂成小块物料的操作称为破碎；将小块物料分裂成细粉的操作称为磨碎或研磨，两者又统称粉碎。

物料颗粒的大小称为粒度，它是粉碎程度的代表性尺寸。对于球形颗粒来说，其粒度即为直径。对于非球形颗粒，则有以面积、体积或质量为基准的各种名义粒度表示法。

根据被粉碎物料和成品粒度的大小，粉碎可分为粗粉碎、中粉碎、微粉碎和超微粉碎四种。①粗粉碎原料粒度在40～1500mm范围内，成品颗粒粒度约5～50mm。②中粉碎原料粒度5～50mm，成品粒度0.1～5mm。③微粉碎（细粉碎）原料粒度2～5mm，成品粒度0.1mm左右。④超微粉碎（超细粉碎）原料粒度更小，成品粒度在10～25μm之间或更小。

粉碎前后的粒度比称为粉碎比或粉碎度，主要指粉碎前后的粒度变化，同时间接反映出粉碎设备的作业情况。一般粉碎设备的粉碎比为3～30，但超微粉碎设备可远远超出这个范围，达到300～1000以上。对于一定性质的物料来说，粉碎比是确定粉碎作业程度、选择设备类型和尺寸的主要根据之一。

对于大块物料粉碎成细粉的粉碎操作，如通过一次粉碎完成则粉碎比太大、设备利用率低，故通常分成若干级，每级完成一定的粉碎比。这时可用总粉碎比来表示，它是物料经几道粉碎步骤后各道粉碎比的总和。

粉碎操作有好几种方法，每种方法有其特定的适用场合。这些方法包括开路粉碎、自由粉碎、滞塞进料粉碎和闭路粉碎四种。①开路粉碎是粉碎设备操作中最简单的一种，它不用振动筛等附属分粒设备，故设备投资费用低。物料加入粉碎机中经过粉碎作用区后即作为产品卸出，粗粒不作再循环。由于粗粒很快通过粉碎机，而细粒在机内停留时间较长，故产品的粒度分布很宽，能量利用不充分。②自由粉碎，物料在作用区的停留时间很短，当与开路磨碎结合时，让物料借重力落入作用区，限制了细粒不必要的粉碎，因而减少了过细粉末的形成。此法在动力消耗方面较经济，但由于有些大颗粒迅速通过粉碎区，导致粉碎物的粒度分布较宽。③滞塞进料粉碎，在粉碎机出口处插入筛网，以限制物料的卸出。对于给定的进料速率，物料滞塞于粉碎区直至粉碎成能通过筛孔的大小为止。因为停留时间可能过长，使得细粒受到过度粉碎，且功率消耗大。滞塞进料法常用于需要微粉碎或超微粉碎的场合，一台设备操作可获得很大的粉碎比。④闭路粉碎，从粉碎机出来的物料流先经分粒系统，分出过粗的料粒后重新送入粉碎机。在这种情况下，粉碎机的工作只是针对颗粒较大的物料，物料的停留时间短，所以可以降低动力消耗。所采用的分粒方法根据送料的形式而定，如采用重力法加料或机械螺旋进料时，常用振动筛作为分粒设备，当用水力或气力输送时则常用旋风分离器。

在香辛料粉碎操作中，上述方法为干法。所谓干法是指当进行粉碎作业时物料的含水量不超过4%。另外还有湿法，湿法是将原料悬浮于载体液流（常用水）中进行粉碎，湿法粉碎时的物料含水量超过50%，此法可克服粉尘飞扬问题，并可采用淹析、沉降或离心分离等水力分级方法分离出所需的产品。在香辛料加工上，粉碎经常作为浸出的预备操作，使组分易于溶出，故颇适用湿式粉碎法。湿法操作一般消耗能量较干法操作的大，同时设备的磨损也较严重。但湿法比干法易获得更微细的粉碎物，故在超微粉碎中应用甚广。

一、冲击式粉碎机

冲击式粉碎机主要有两种类型，即锤片式粉碎机和齿爪式粉碎机。它们是以锤片或齿爪在高速回转运动时产生的冲击力来粉碎物料的。

二、涡轮粉碎机

涡轮粉碎机，由刀片组成的粉碎转子支承在左右端盖的轴承座上作高速旋转，使固体物料颗粒在内腔的齿形衬板与刀片之间受到挤压、撕裂、碰撞、剪切等多种作用，从而达到粉碎目的。同时转子两端的大、小叶轮高速旋转，在进口和出口间通过腔体形式涡流效应，使被粉碎颗粒顺畅地进口（间隙大）到出口（间隙小），实现粉碎并细化。为限止腔内温度过高，提高粉碎效率，防止颗粒粘腔、粘刀，某些型号在腔体表面设计有水夹套强迫水冷，使腔内温度控制在较低限度。涡轮粉碎机适用粉碎各种塑料、无机矿物、中药材、谷物、香辛料等物料，粉碎后的细度可达 200 目。

三、气流粉碎机

利用物料的自磨作用，用压缩空气、蒸汽或其他气体通过一定压力的喷嘴喷射产生高速的湍流和能量转换流，物料颗粒在其作用下悬浮输送，相互发生剧烈的冲击、碰撞和摩擦，加上高速气流对颗粒的剪切作用，使物料得以充分的研磨而粉碎。适用于热敏材料的超微粉碎，可实现无菌操作、卫生条件好。

气流粉碎机又可分为立式环形喷射气流粉碎机、对冲式气流粉碎机、超音速喷射式粉碎机。

气流粉碎机的主要特点如下：能使粉粒体的粒度达到 5μm 以下；粗细粉粒可自动分级，且产品粒度分布较窄；可粉碎低熔点和热敏性物料；产品不易受金属或其他粉碎介质的污染；可以实现联合作业；可在无菌条件下操作；结构紧凑，构造简单。

四、搅拌磨

搅拌磨主要由研磨容器、分散器、搅拌轴、分离器、输料泵等组成。搅拌磨的工作原理为，在分散器高速旋转产生的离心力作用下，研磨介质和液体浆颗粒冲向容器内壁，产生强烈的剪切力、摩擦、冲击和挤压等作用力使浆料颗粒得以粉碎。研磨介质多为玻璃珠、钢珠、氧化铝珠、氧化钴珠等。

五、冷冻粉碎机

有些物料在常温下具有热塑性或者非常强韧，粉碎起来非常困难。冷冻粉碎机可将物料冷冻，使物料成为脆性材料再粉碎。粉碎原理是利用一般物料具有低温脆化的特性，用液氮或液化天然气等为冷媒对物料实施冷冻后的深冷粉碎方式。

低温粉碎工艺按冷却方式分为浸渍法、喷淋法、气化冷媒与物料接触法。

第四节 香辛料混合机械设备

在香辛料工业中，常常采用搅拌、混合和均质操作。

搅拌是指借助于流动中的两种或两种以上物料在彼此之间相互散布的一种操作，其作用可以实现物料的均匀混合、促进溶解和气体吸收、强化热交换等物理及化学变化。搅拌对象主要是流体，按物相分类有气体、液体、半固体及散粒状固体；按流体力学性质分类有牛顿型和非牛顿型流体。在香辛料加工工业中，许多物料呈流体状态，有的稀薄，有的黏稠，有的具有牛顿流体性质，有的具有非牛顿流体性质。

均质是指借助于流动中产生的剪切力将物料细化、将液滴碎化的操作，其作用是将香辛料加工所用的浆、汁、液进行细化、混合、均质处理，以提高香辛料加工产品的质量和档次。例如，乳化型香辛料的生产，均质使油树脂更易分散于水溶液中制成一种乳化液，不仅提高了乳状液的稳定性，而且改善了香辛料的感官质量，无渣滓口感，加香产品无斑点。

混合是香辛料加工工艺过程中不可缺少的单元操作之一。混合后的物料可以是香辛料工业中的最终产品，也可以作为实现某种工艺操作的需要组合在工艺过程中，例如可以用来促进溶解、吸附、浸出、结晶、乳化、生物化学反应，防止悬浮物沉淀以及均匀加热和冷却等。被混合的物料常常是多相的，主要有以下几种情况：①液-液相　可以有互溶或乳化等现象。②固-固相　纯粹是粉粒体的物理现象。③固-液相　当液相多固相少时，可以形成溶液或悬浮液；当液相少固相多时，混合的结果仍然是粉粒状或团粒状；当液相和固相比例在某一特定的范围内，可能形成黏稠状物料或无定型团块，这时混合的特定名称可称为“捏合”或“调和”，它是一种特殊的相变状态。④固-液-气相　通过将空气或惰性气体混入物料以增加物料的体积、减少容重并改善物料的质构流变特性和口感。

在香辛料加工工业中，混合机应用于原料混合、粉料混合，香辛料粉中加辅料、添加剂、调味粉等的制造操作。混合机是将两种或两种以上的粉料颗粒通过流动作用，使之成为组分浓度均匀混合物的机械。混合机主要是针对散粒状固体，特别是干燥颗粒之间的混合而设计的一种搅拌机械。在混合机内，大部分混合操作都并存对流、扩散和剪切三种混合方式，但由于机型结构和被处理物料的物性不同，其中某一种混合方式起主导作用。

在混合操作中，粉料颗粒随机分布。受混合机作用，物料流动，引起性质不同的颗粒产生离析。因此在任何混合操作中，粉料的混合与离析同时进行，一旦达到某一平衡状态，混合程度也就确定了，如果继续操作，混合效果的改变也不明显。影响混合效果的主要因素是粉料的物料特性和搅拌方式。粉料的物料特性包括粉料颗粒的大小、形状、密度、附着力、表面粗糙程度、流动性、含水量和结块倾向等。试验证明，大小均匀的颗粒混合时，密度大的趋向器底；密度近似的颗粒混合时，最小的和形状近似圆球形的趋向器底；颗粒的黏度越大，越容易结块和结团，不易均匀分散。

混合的方法主要有两种：一种方法是容器本身旋转，使容器内的混合物料产生翻滚而达到混合的目的；另一种方法是利用一只容器和一个或一个以上的旋转混合元件，混合元件把物料从容器底移进到上部，而物料被移送后的空间又能够由上部物料自身的重力降落以补充，以此产生混合。按混合容器的运动方式不同，可分为固定容器式和旋转容器式。按混合操作形式，分为间歇操作式和连续操作式。固定容器式混合机有间歇与连续两种操作形式，依生产工艺而定；旋转容器式混合机通常为间歇式，即装卸物料时需停机。间歇式混合机易控制混合质量，可适应粉料配比经常改变的情况，因此应用较多。

一、旋转容器式混合机

该机又称为旋转筒式混合机、转鼓式混合机，是以扩散混合为主的混合机械。它的工作过程是，通过混合容器的旋转形成垂直方向运动，使被混合物料在器壁或容器内的固定抄板上引起折流，造成上下翻滚及侧向运动，不断进行扩散，从而达到混合的目的。

旋转容器式混合机的基本结构由旋转容器、驱动转轴、减速传动机构和电动机等组成。混合机的主要构件是容器。容器的形状决定混合操作的效果。因而，对容器内表面要求光滑平整，以避免或减少容器壁对物料的吸附、摩擦及流动的影响，同时要求制造容器材料无毒、耐腐蚀等。材质上多采用不锈钢薄板材。

旋转容器式混合机根据被混合物料的性质可分为以下几种类型：水平型圆筒混合机、倾斜型圆筒混合机、轮筒型混合机、双锥型混合机、V型混合机和正方体型混合机。

（一）水平型圆筒混合机

水平型圆筒混合机的圆筒轴线与回转轴线重合。操作时，粉料的流型（即流体质点运动的轨迹及速度分布）简单。由于粉粒没有沿水平轴线的横向速度，容器内两端位置又有混合死角，并且卸料不方便，因此混合效果不理想，混合时间长，一般采用得较少。

（二）倾斜型圆筒混合机

倾斜型圆筒混合机的容器轴线与回转轴线之间有一定的角度，因此粉料运动时有三个方向的速度，流型复杂，加强了混合能力。这种混合机的工作转速约在40～100r/min之内，常用于混合调味粉料的操作。

（三）轮筒型混合机

轮筒型混合机是水平型圆筒混合机的一种变形。圆筒变为轮筒，消除了混合流动死角；轴与水平线有一定的角度，起到和倾斜型圆筒混合机一样的作用。因此，它兼有前两种混合机的优点。缺点是容器小，装料少；同时以悬臂轴的形式安装，会产生附加弯矩。

（四）双锥型混合机

双锥型混合机的容器是由两个锥筒和一段短柱筒焊接而成，其锥角有90°和60°两种结构。双锥型混合机操作时，粉料在容器内翻滚强烈，由于流动断面的不断变化，能够产生良好的横流效应。

它的主要特点是，对流动性好的粉料混合较快，功率消耗低，转速一般为5～20r/min，混合时间约为5～20min，混合量约占容器体积的50%～60%。

（五）V型混合机

V型混合机也称双联混合机。它的旋转容器是由两段圆筒以互成一定角度的V形连接，两筒轴线夹角在60°～90°之间，两筒连接处切面与回转轴垂直。这种混合机的转速一般在6～25r/min之间，混合时间约为4min，粉料混合量占容量体积的10%～30%。V型混合机旋转轴为水平轴，其操作原理与双锥型混合机类似。但由于V形容器的不对称性，使得粉料在旋转容器内时而紧聚时而散开，因此，混合效果要优于双锥型混合机，而混合时间也比双锥型混合机更短。为适应混合流动性不好的粉料，一些V型混合机对结构进行了改进，在旋转容器内装有搅拌桨，而且搅拌桨还可以反向旋转，通过搅拌桨使粉料强制扩散，同时利用搅拌桨剪切作用还可以破坏吸水量多、易结团的小颗粒粉料的凝聚结构，从而在短时间内使粉料得到充分混合。V型混合机适用于多种干粉类香辛料物料的混合。

（六）正方体型混合机

正方体型混合机容器形状为正方体，旋转轴与正方体对角线相连。混合机工作时，容器内粉料三维运动，其速度随时改变，因此，重叠混合作用强，混合时间短。由于沿对角线转动，因而没有死角产生，卸料也较容易。这种混合机很适宜混合咖啡等粉料。

二、固定容器式混合机

固定容器式混合机的特点是容器固定，靠旋转搅拌器带动物料上下及左右翻滚，以对流混合为主，主要适用于混合物理性质差别及配比差别较大的散体物料。

（一）单螺旋多功能混合机

单螺旋多功能混合机适用于粉体、浆液和膏体等多种物料的混合，混合用螺旋不仅能自转，还能紧贴混合槽的内表面，绕锥体的中心轴进行公转，使物料能实现上升、螺旋及下降等多种运动，从而实现物料的快速混合。此种设备有操作性良好、动力消耗小、发热小、对粉体的损伤小、混合速度快及物料容易排出等多种优点，可广泛应用于香辛料调味品的生产。

（二）双螺旋粉体混合机

双螺旋粉体混合机具有较好的控制系统，使混合物不磨碎或压溃，无死角，无沉积。广泛用于香辛料、饲料、酿造化工、制药、染料等行业的固粒粉或粉液体混合，纤维片状及喷液混合，对热敏性物料无过热危险，对密度悬殊或粒度不同的物料混合时不会产生分层离析现象，搅拌5～8min即可，其功效为单螺旋数倍，滚筒式的10倍以上，是行业重点推广的混合设备。

三、混合机形式的选择

混合机选型时主要考虑以下几方面：①工艺过程的要求及操作目的，包括混合产品的性质、要求的混合度、生产能力、操作方式(间歇式还是连续式)。②根据粉料的物性分析对混合操作的影响，粉料物性包括粉粒大小、形状、分布密度、流动性、粉体附着性、凝聚性、润湿程度等，同时也要考虑各组分物性的差异程度。由上述两点，初步确定适合给定过程的混合机形式。③混合机的操作条件，包括混合机的转速、装填率、原料组分比、各组分加入方法、加入顺序、加入速率和混合时间等。根据粉料的物性及混合机形式来确定操作条件与混合速度（或混合度）的关系以及混合规模。④需要的功率。⑤操作可靠性，包括装料、混合、卸料、清洗等操作工序。⑥经济性，主要有设备费用、维持费用和操作费用的大小。

第五节 香辛料干燥、杀菌设备

一、香辛料的干燥

使物料（溶液、悬浮液及浆液）所含水分由物料向气相转移，从而使物料变为固体制品的操作，统称为干燥。干燥在香辛料工业中有着重要的地位，可以起到减小香辛料体积和重量从而降低储运成本、减少成品中微生物的繁殖，提高香辛料保藏稳定性，以及改善和提高香辛料风味和食用方便性等作用。从液态到固态的各种物料均可以干燥成适当的干制品。

要使水分从物料转移到气相，物料必须受热，水分吸收热量才能汽化。物料受热的三种基本传热方式包括对流、传导和辐射，根据传热方式的不同，干燥分热风干燥、接触干燥和辐射干燥。热风干燥直接以高温的空气作热源，即对流传热，将热量传给物料，使水分汽化同时被空气带走，又称空气干燥法。接触干燥法是间接靠间壁的导热，将热量传给与间壁接触的物料，热源可为水蒸气、热水、燃气、热空气等。辐射干燥法利用红外线、远红外线、微波或介电等能源将热量传给物料。

（一）箱式干燥器

箱式干燥器是一种常压间歇式干燥器，主要由箱体、搁架、加热器、风机、排气口、气流分配器等组成。箱体（干燥室）外壁有绝热保温层，搁架上按一定间隔重叠放置一些盘子，盘中存放待干燥香辛料原料。有的搁架装在小车上，待干燥物料放置好后，将小车送入厢内。风机用来强制吸入干净空气并驱逐潮湿气体。干燥热源可以是设置在箱体内的远红外线加热器，也可以是从箱外输入的热空气。热风的循环路径，若与搁板平行送风，叫平行气流式，热风从物料表面通过，干燥强度小，要求料层较薄（20～50mm）；若气流穿过架上物料的空隙，叫穿流气流式，干燥强度较大，物料层可相对较厚（45～65mm）。空气速度以被干燥物料的粒度而定，要求物料不致被气流带出，一般气流速度为1～10m/s。箱式干燥机的结构简单，使用方便，投资少，适于小批量或需要经常更换产品的香辛料物料。热风的流量可以调节，一般热风风速为2～4m/s，一个操作周期可在4～48h内调节。小型的称为烘箱，大型的称为烘房。其优点在于制造和维修起来方便，使用灵活性较大。在香辛料工业上常用于需要长时间干燥的物料、数量不多的物料以及需要特殊干燥条件的物料。主要缺点是物料不容易干燥均匀，不利于抑制其中的微生物活动，装卸物料所需要的劳动强度大，热能利用不经济（每汽化 1kg 水分，约需 2.5kg 以上的蒸汽）。

（二）真空干燥机

在常压下的各种加热干燥方法，因物料受热，其色、香、味和营养成分均受到一定损失。若在低压条件下，对物料加热进行干燥，能减少品质的损失，这种方法称为真空干燥。真空干燥过程中的温度低、避免过热，物料中的水分容易蒸发，干燥时间短，同时可使物料形成多孔状组织，产品的溶解性、复水性、色泽和口感较好；能将物料干燥到很低的水分，并可使用较少的热能，得到较高的干燥速率，热量利用经济；真空干燥适应性强，对不同性质、不同状态的物料，均能适应。箱式真空干燥机由箱体、加热板、门、管道接口和仪表等组成。箱体上端装有真空管接口与获得真空装置相通，还设有压力表、温度表和各种阀门以控制操作条件。工作时先将预处理过的物料置于烘盘内，再将烘盘放入箱内加热板上打开抽气阀，使真空度达到 13～53kPa，然后打开蒸汽阀使箱内达到一定温度，再逐步降温达干燥要求后，关闭蒸汽阀、抽气阀，开启充气阀，打开箱门，卸出产品。

真空干燥技术适用于那些结构、质地、外观、风味和营养成分在高温条件下容易发生变化或分解的香辛料，干燥后的产品的速溶性和品质较好。如各种脱水蔬菜（如胡萝卜、葱）的汤料、速溶汤混合物等。

（三）带式干燥机

带式干燥机是将物料置于输送带上，在随带运动的过程中与热风接触而干燥的设备，由若干个独立的单元段所组成，每个单元段包括循环风机、加热装置、单独或公用的新鲜空气抽入系统和尾气排出系统。因此，对干燥介质数量、温度、湿度和尾气循环量等操作参数，可独立控制，从而保证工作的可靠性和操作条件的优化。带式干燥机操作灵活，湿物料进料、干燥过程在完全密封的箱体内进行，自动化程度高，劳动条件好，避免了粉尘的外泄。被干燥的物料随同输送带移动，物料颗粒间的相对位置比较固定，干燥时间基本相同，因此，带式干燥机非常适用于要求干燥物料色泽变化一致或湿含量均匀的物料干燥。根据组合形式的不同可分为三种类型，单级、多级和多层带式干燥机。

1. 单级带式干燥机

单级带式干燥机，由一个循环输送带、两个空气加热器、三台风机和传动变速装置等组成。被干燥物料由进料端经加料装置均匀分布到输送带上，输送带通常用穿孔的不锈钢薄板制成，由电动机经变速箱带动。最常用的干燥介质是热空气。全机分成两个干燥区，在第一干燥区的空气自下而上经过加热器穿过物料层，第二干燥区的空气是自上而下经过加热器穿过物料层，穿过物料层时，物料中水分汽化，空气增湿，温度降低，一部分湿空气排出箱体，另一部分则在循环风机吸入口与新鲜空气混合再循环。干燥后的产品，经外界空气或其他低温介质直接接触冷却后，由出口端排出。每个干燥区的热风温度和湿度都是可以控制的，也可在干燥过程中，对物料上色和调味。

2. 多级带式干燥机

多级带式干燥机实质上是由数台（多至 4 台）单级带式干燥机串联组成，其操作原理与单级带式干燥机相同。干燥初期缩水性很大的物料，如某些香辛蔬菜类，在输送带上堆积较厚，将导致压实而影响干燥介质穿流，此时可采用多级带式干燥机，使机组总生产能力提高。

3. 多层带式干燥机

多层带式干燥机是由多台单级带式干燥机由上到下，串联在一个密封的干燥室内，层数最高可达 15 层，常用 3～5 层。最后一层或几层的输送速度较低，使物料层加厚，这样可使大部分干燥介质流经开始几层较薄的物料层，以提高总的干燥效率。层间设置隔板促使干燥介质的定向流动，使物料干燥均匀。多层带式干燥机由隔热机箱、输送链条网带、链条张紧装置、排湿系统、传动装置、防粘转向输送带、间接加热装置等部分组成。最下层出料输送带一般伸出箱体出口处 2～3m，留出空间供工人分拣出干燥过程中的变形及不完善产品。

（四）真空冷冻干燥设备

真空冷冻干燥是先将湿物料冻结到共晶点温度以下，使水分变成固态的冰，然后在适当的温度和真空度下，使冰升华为水蒸气，再用真空系统的捕水器将水蒸气冷凝，从而获得干燥制品的技术。化学热力学中的相平衡理论是真空冷冻干燥技术原理的基础。在一定的压力和温度下，水的三种形态之间达到一定的相平衡，三相点显示了水的气、液、固三相共存的压力和温度条件。如果低于三相点压力，冰可直接升华为水蒸气，这就是升华干燥的理论基础。当干燥室内的真空度低于610Pa绝对压力，物料温度低于零度，物料内的冰晶才能直接升华成水蒸气。一般采用预冻结的方法先将含水物品快速低温冻结，然后在高真空的条件下，使物品中的冰晶升华，待冰晶升华后再除去物品中的吸附水，即成为冷冻干燥物品。冷冻干燥物品的残留水量一般在1%～4%。物料的冷冻干燥包括三个阶段。

（1）预冻阶段　预冻是将溶液中的自由水固化，使干燥后产品与干燥前有相同的形态，防止抽真空干燥时起泡、浓缩、收缩和溶质移动等不可逆变化产生，减少因温度下降引起的物质可溶性降低和生命特性的变化。一般来说预冻之前应确定三个数据：一是预冻速率，产品不同，其最优冷冻速率也不同，应根据试验来确定；二是预冻的最低温度，应根据该产品的共熔点来决定，预冻的最低温度应低于共熔点温度；三是预冻时间，根据机器的情况来决定，保证抽真空之前所有产品均已冻实。一般产品的温度达到预冻最低温度之后1～2h即可开始抽真空升华。

（2）冻干及升华干燥　冻干是工艺要求最复杂的一道工序，要严格按一定的工艺要求（即冻干曲线）进行。冻干曲线是指冻干物料温度和冻干箱内压力随时间变化的曲线。不同的物料、不同的品种、不同的冻干设备，都有不同的冻干曲线，一般都是由实验确定，再用来指导冻干生产。冻干一般分为升华干燥和解析干燥。升华干燥也称为第一阶段干燥，将冻结后的产品置于密闭的真空容器中加热，当全部冰晶除去时，第一阶段干燥就完成了，此时约除去全部水分的90%。

(3) 解析干燥　也称为第二阶段干燥，一旦产品内的冰升华完毕。产品的干燥就进入了第二阶段。在第一阶段干燥后，在干燥物质的毛细管壁和极性基团上还吸附有一部分水分，这些水分是未被冻结的。当它们达到一定含量时，就为微生物的生长繁殖和某些反应提供了条件。为了使产品达到合格的残余水分含量，改善产品的储存稳定性，延长保存期，必须对产品进一步干燥。在解析干燥阶段，可以使产品的温度迅速地上升到该产品的最高允许温度，并在该温度下一直维持到冻干结束为止。同时，为了使解析出来的水蒸气有足够的推动力逸出产品，必须使产品内外形成较大的蒸汽压差，因此在此阶段中箱内必须高真空。解析干燥后，产品内残余水分的含量视产品种类和要求而定，一般在0.45%～4%之间。

(五) 电磁辐射干燥设备

电磁辐射干燥香辛料指的是利用不同力场作用下给香辛料物料和它周围的介质施加振动，使香辛料物料的加热和干燥过程加速，干燥过程得到大大强化。

目前，主要利用电磁感应加热（高频、微波）或红外线辐射效应干燥香辛料。电磁辐射是一种能量而不是热量，但可以在电介质中转化为热量，离子传导和偶极子转动是电磁辐射的主要原因。微波是指波长在1mm～1m范围的电磁波，其相应的频率范围在300MHz～300GHz。微波的传统应用是作为传递信息的媒介，应用于雷达、通讯等领域。近年来，作为一种能量场广泛用于干燥和加热操作中。目前广泛使用的是915MHz和2450MHz两个频率。微波加热基本原理是通过电场直接作用于被干燥物料的分子，使其运动、相互摩擦而发热，由于发热而产生温度梯度，推动水分子自物料内部向表面移动，达到干燥的目的。微波干燥一般由直流电源、微波发生器、冷却装置、微波传输元件、加热器、控制及安全保护系统等组成，具有加热速度快、加热均匀、加热具有选择性、过程控制迅速、投资小等优点。

远红外干燥利用远红外辐射发出的远红外线为被加热物质吸收，直接转化为热能，使物体升温而达到加热干燥的目的。此技术具有高效、优质、低耗等特点，在香辛料行业中广泛应用。远红外线是波长在 5.6μm 以上的红外线，远红外辐射加热原理是当被加热物体中的固有振动频率和射入该物体的远红外线的频率一致时，就会产生强烈的共振，使物体中的分子运动加剧，因而温度迅速升高，即物体内部分子吸收到红外辐射能，直接转变为热能而实现干燥。

二、香辛料的杀菌

杀菌是香辛料加工过程中最重要的环节之一。许多香辛料需要经过相应的杀菌处理之后，才能获得稳定的货架期。香辛料的杀菌方法分为热杀菌和冷杀菌，热杀菌是借助于热力作用将微生物杀死的杀菌方法；除了热杀菌以外所有杀菌方法都可以归类为冷杀菌。尽管人们早就认识到，热杀菌同时也会对香辛料营养或风味成分造成一定的影响，并且也在冷杀菌方面进行了大量的研究，但到目前为止，热杀菌仍然是香辛料行业的主要杀菌方式。根据杀菌处理时香辛料包装的顺序，可以将热杀菌分为包装香辛料和未包装香辛料两类方式。冷杀菌可以分为物理法和化学法两类。物理冷杀菌技术包括电离辐射、超高压、高压脉冲电场等杀菌技术。

香辛料的粉末制品，由于在原料收获时，其表面黏附着大量的微生物。虽然在其干燥和加工的过程中，微生物的含量和种类会产生变化，但产品若不经杀菌，仍然会含有大量的微生物，将会导致产品质量下降，保质期短，甚至产生致病菌中毒的严重后果。

我国的粉末香辛料制品，主要靠减少制品中的含水量来抑制微生物的生长繁殖，另外大多香辛料本身具有一定的抑菌作用，所以产品就具有一定的保质期。但近十年来，杀菌香辛料的工艺发展很快，已较为普及，所用的香辛料杀菌方法见表 5-1。

表 5-1　香辛料的杀菌方法

杀菌方法		实例
非加热杀菌法	杀菌剂	次氯酸、次氯酸钠、漂白粉、过氧化氢、乙醇等
	辐射	紫外线、X 射线、β 射线、γ 射线等
加热杀菌法	干热	用高温的空气或氮气杀菌
	蒸汽	饱和蒸汽(湿热)、加热水蒸气
	微波	微波低温加热杀菌

目前，蒸汽杀菌法应用最为广泛，安全性好，但也存在提高杀菌强度，挥发性风味物质容易损失的缺点。辐射杀菌不会导致产品质量变化，安全性好，能被广大消费者所接受，发展前景最好。

（一）饱和蒸汽杀菌设备

饱和蒸汽杀菌设备的工作原理如图 5-1 所示。

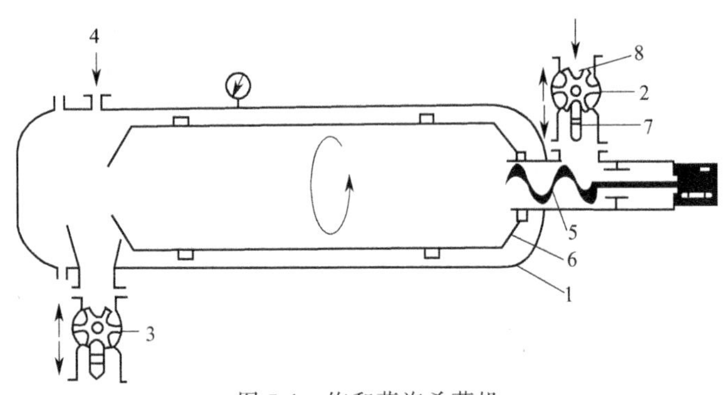

图 5-1 饱和蒸汽杀菌机

1—加压容器；2—回转加料器；3—回转卸料器；4—蒸汽；
5—螺旋输料器；6—旋转滚筒；7—刮板；8—输料转子

旋转滚筒 6 在加压容器 1 中转动，容器 1 中通入饱和蒸汽，粉末香辛料从回转加料器 2 加入，经螺旋输料器 5 送到杀菌区，杀菌后的物料从回转卸料器 3 排出。设备杀菌温度可以在 100～145℃之间调节，并可调节产品水分含量，设备能够实现自动清洗。

另外，有的杀菌设备在杀菌时，还可以对物料进行搅拌。

（二）过热水蒸气杀菌设备

采用过热水蒸气对粉体进行杀菌的设备有高速搅拌型杀菌机、气流式杀菌装置。其工作原理是，把饱和水蒸气用电热器加热成过热状态，让其直接与粉体接触，完成杀菌工作。这种装置被许多香辛料和制药厂使用，本来过热水蒸气可以干燥相同质量的低温物料，所以可以称为“干的水蒸气”。杀菌条件根据原料的种类、粒度、污染程度不同而异，一般压力 0.1～0.3MPa，温度 140～180℃，时间 5～15s。

1. 高速搅拌型粉体杀菌机

高速搅拌型粉体杀菌机如图 5-2 所示，粉料从进料口入，经搅拌桨叶搅拌杀菌，然后由出料口排出。过热水蒸气从进口和轴上直接喷出，瞬间完成杀菌作业。

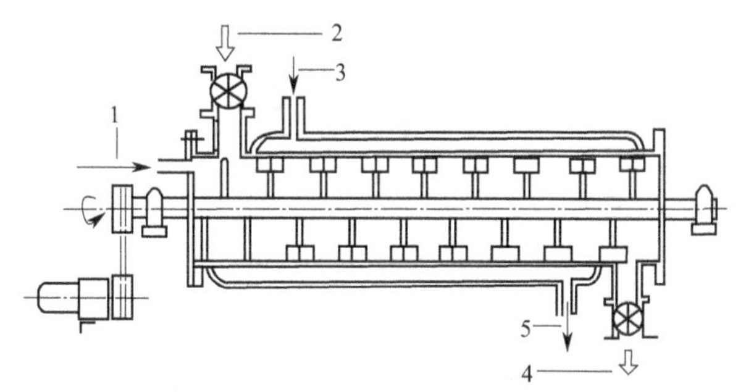

图 5-2　高速搅拌型粉体杀菌机

1—过热水蒸气入口；2—进料口；3—饱和水蒸气入口；4—出料口；5—冷凝水

2. 气流式杀菌装置

气流式杀菌装置示意图如图 5-3 所示，其工作原理是，原料由定量加料器 1 和闭风器 2 连续加到管道中，与速度为 20～30m/s 的过热水蒸气相遇后，粉体处于悬浮状态随气流运动，同时在管道的输送中完成杀菌，由旋风分离器 4 分离粉料和过热水蒸气，过热水蒸气回收利用，粉料由排料口 5 排出，经两次热空气干燥后成为杀菌粉末香辛料制品，由排料阀 7 连续排出。

(三) 电离辐射杀菌

电离辐射杀菌是指利用 γ 射线或高能电子束（阴极射线）进行杀菌，是一种适用于热敏性物品的常温杀菌方法，属于“冷杀菌”。香辛料电离辐射杀菌设备系统通常称为辐照装置、辐射装置和照射装置等，主要由以下几部分组成：辐射源、产品传输系统、安全系统（包括联锁装置、屏蔽等）、控制系统、辐照室及其他相关的辅助设施（如菌检实验室、剂量、实验室、安全防护实验室、产品性能测试实验室，以及通风、水处理系统、仓库等）。大型辐

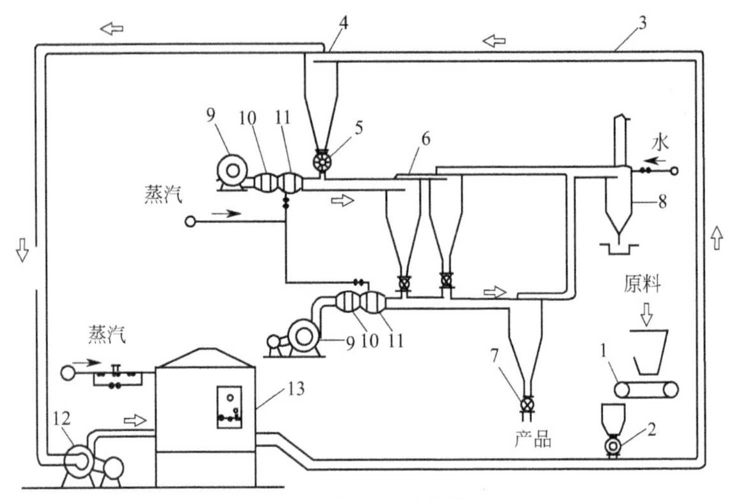

图 5-3 气流式杀菌装置

1—定量加料器；2—闭风器；3—气流管；4—旋风分离器；5—排料口；6—分离器；7—排料阀；8—除尘器；9—涡轮鼓风机；10—空气过滤器；11—加热器；12—蒸汽循环泵；13—加热器

射装置，受辐射的产品一般采用机械方式传输，传输系统包括：①过源机械系统　产品辐照箱在辐照室内围绕辐射源运行的传输机械设备。通常采用有气缸推动转运箱的辊道输送系统、单轨悬挂输送系统及积放式悬挂输送系统；②迷道输送系统　将产品辐照箱从操作间（装卸料间）向辐照室转运时通过迷道的输送机械；③装卸料操作机械　在操作间将需要辐照的产品装至辐照箱上，并将已辐照过的产品从迷道输送机送出的辐照箱上卸下的机械设备。

辐照装置的核心是处于辐照室内的辐射源及产品传输系统。目前用于香辛料电离辐射处理的辐射源有产生 γ 射线的人工放射性同位素源和产生电子束或 X 射线的电子加速器两种。辐射装置可以根据辐射源的类型（放射性同位素、加速器）和传输系统（静止、间歇、单道连续、多道连续）等进行分类。

1. γ 射线辐照装置

γ 射线的穿透能力较强，可以采用大包装形式对物料进行照射。但γ射线源活度会以对数规律衰减，例如^{60}Co源活度的半衰期为5.27年，也就是说，每隔5.27年，其放射性活度将减少一半。典型的γ射线辐照装置主体是带有很厚水泥墙的辐照室，主要由辐射源升降系统和产品传输系统组成，按工艺规范进行产品辐照。通过迷道把辐照室和产品装卸大厅相沟通。辐照室中间有一个深水井，安装了可升降的辐射源架，在停止辐照时，辐射源降至安全的储源位置。辐照时装载产品的辐照箱围绕源架移动，得到均匀的辐照。辐照室水泥屏蔽墙的厚度取决于放射性核素类型、设计预定的最大活度和屏蔽材料的密度。目前主要使用的γ射线同位素放射源主要是^{60}Co，通常做成用双层不锈钢壳密封的棒状（称为钴棒）。单根钴棒称为线源，放射强度有限。实际应用的辐射源通常由众多根钴棒平行排列成板状源，一般的板状钴源强度可在数十至上百万居里之间。

2. 电子束辐照装置

电子束辐照装置是指用电子加速器产生的电子束进行辐照、加工产品的装置。电子束辐照装置包括电子加速器、产品传输系统、辐射安全系统；产品装卸和储存区域；供电、冷却、通风等辅助设备；控制室、剂量测量和产品质量检验实验室等。优点是辐射功率大、剂量率高以及装置（电能）能源利用可控制等。缺点是与γ射线相比，电子射线的穿透力较低，此外装置系统复杂。电子加速器是利用电磁场使电子获得加速，提高能量，将电能转变为辐射能的装置。电子加速器系统包括辐射源、电子束扫描装置和有关设备（如真空系统、绝缘气体系统、电源等）。电子加速器有多种类型，目前加工用电子加速器主要有直流高压型和脉冲调制型加速器。它们都能产生能量高于150keV的电子束。

3. X射线辐照装置

对X射线辐照装置的理论和实验研究已有多年的历史，过去由于电子加速器成本较高以及X射线能量转换效率偏低，实用化应用不多，但近年来随着加速器和靶工艺学的进展，以及^{60}Co价格的上升，对X射线辐照装置的开发利用又引起了人们的重视。X

射线辐照装置既可以采用可使产品翻身的带式双通道传输送系统，也可以采用悬挂式产品传输系统。由于X射线是利用加速器产生的，因此可以实现电子束射和X射线两用辐射照装置。

第六节 香辛料的包装

包装是香辛料生产的重要环节。为了储运、销售和消费，各种香辛料均需要得到适当形式的包装。香辛料包装大体上可以分为两类，即内包装和外包装。内包装是指直接将香辛料装入包装容器并封口或用包装材料将香辛料包裹起来的操作；外包装是在完成内包装后再进行贴标、装箱、封箱、捆扎等操作。内、外包装均可以采用人工和机械两种方式进行，但现代香辛料加工均尽量采用生产效率高、产品质量稳定的机械设备进行包装。香辛料包装机械设备品种繁多，总体上也可分为内、外包装机械两大类。内包装机械设备，又可进一步分为装料、封口、装料封口机三类，还可以根据香辛料状态、包装材料形态以及装料封口环境进行分类；外包装机械主要有贴标机、喷码机、装箱机、捆扎机等。香辛料从原料加工到消费的整个流通环节是复杂多变的，受到生物性和化学性的侵染，受到流通过程中出现的诸如光、氧、水分、温度、微生物等各种环境因素的影响。包装是保证香辛料品质的有效途径之一。

我国香辛料干制品大多为散装，如用木箱、麻袋、化纤袋等的大包装；小包装制品多用塑料袋，也有用复合纸袋或纸袋的包装；而金属罐或玻璃瓶等包装容器使用很少。

塑料袋包装的香辛料干制品主要是人工称量，用小型塑料封口机封口，或用自动封口机封口，许多粉末香辛料也用这种方法进行包装。固体香辛料装入包装容器的操作过程通常称为充填。由于性质比较复杂和形状（一般有颗粒状、块状、粉状、片状等几何形状）的多样性，所以总体上固体物料的充填远比液体物料灌装困难，并且其充填装置多属专一性，型式较多，不易普遍推广使用。尽管如此，仍然可以将固体装料机按定量方式分为容积式定量、重量式定量和计数式定量三种类型。

（1）容积式定量充填机　容积式充填机是按预定容量将物料充填到包装容器的设备。容积充填设备结构简单、速度快、生产率高、成本低，但计量精度较低。容积法定量型式主要有四种。

① 容杯式充填机　这类充填机利用容杯对固体物料进行定量充填。可调容杯由直径不同的上、下容杯相叠而成，通过调整上下容杯的轴向相对位置，可实现改变容积，从而改变定量的目的。这种容杯调整幅度不大，主要用于同批物料的视密度随生产或环境条件发生变化时的调整。

② 螺杆式定量填充机　螺杆式定量填充机的每圈螺旋槽都有一定的理论容积，在物料视密度恒定前提下，控制螺杆转数就能同时完成计量和填充操作。由于螺杆转数是时间的函数，可通过控制转动时间实现螺杆转数的控制。为了提高控制精度，还可以在螺杆上装设转数计数系统。适用于装填流动性良好的颗粒状、粉状、稠状物料，但不宜用于易碎的片状物料或密度较大的物料。

③ 转鼓式计量设备　转鼓形状有圆柱形、菱柱形等，定量容腔在转鼓外缘。容腔形状有槽形、扇形和轮叶形，容腔容积有定容和可调的两种，通过调节螺丝改变定量容腔中柱塞板的位置，可对其容量进行调整。

④ 柱塞式计量设备　柱塞式充填机通过柱塞的往复运动进行计量，其容量为柱塞两极限位置间形成的空间大小。柱塞的往复运动可由连杆机构、凸轮机构或气缸实现。通过调节柱塞行程可改变单行程取料量，柱塞缸的充填系数 K 需由试验确定，一般可取 $K=0.8\sim1.0$。柱塞式充填机的应用比较广泛，粉、粒状固体物料及稠状物料均可应用。

（2）重量式定量充填机械　重量式定量充填机是按预定重量将产品充填到包装容器内的充填机，适用范围很广。在自动包装机中，称重计量法常用于散状、密度不稳定的松散物料及形体不规则的块、枝状物品定量。称重计量的精度主要取决于称量装置的精度，一般可达 0.1%。因此，对于价值高的物品也多用称重法计量。称重方法可有多种方式。最简单的方式是将产品连同包装容器一起称重，这种称量方式受包装容器本身的重量精度影响。为了提高精度，可以用扣除容器重量的方式进行重量定量。此种情形下，充填机要设一个对容器称重的机构。重量式定量充填机常用振动喂料器或螺旋喂料器供料。

（3）计数式定量充填设备　计数式充填机是按预定件数将产品充填至包装容器的充填机。按计数的方式不同，分为单件计数充填机和多件计数充填机两类。单件计数式采用机械计数、光电计数、扫描计数方法，对产品逐件计数。

一、粉末全自动计量包装机

近年推出的粉末全自动计量包装机，在产量大的工厂得到了良好的应用，其定量包装机原理示意如图 5-4。包装机设有可调容杯，可调容杯由一个上容杯和一个下容杯组合而成。通过调整装置改变上下容杯的相对位置，由于容积改变，其质量也改变，但这种调整是有限度的。

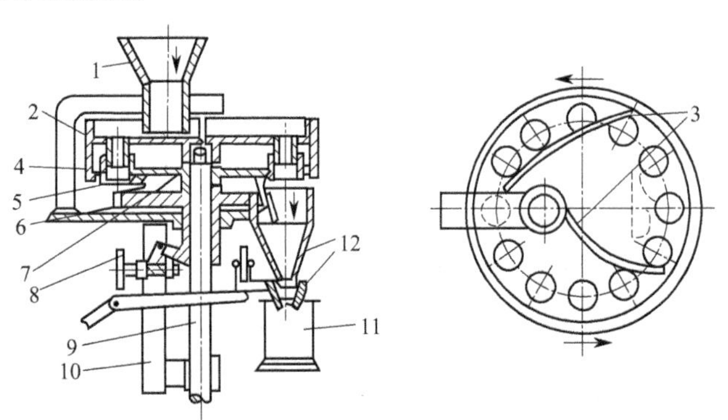

图 5-4　粉末全自动计量包装机示意

1—料斗；2—转盘；3—刮板；4—计量杯；5—底盘；
6—导轨；7—托盘；8—容杯调节机构；9—转轴；
10—支柱；11—包装容器；12—料斗

调整方法有自动和手动两种。手动机构调整方法是根据装罐过程检测其质量波动情况，用人工转动手轮，传动调节螺杆，机构升降下容杯来达到的，当然也可用机构调整上容杯升降来实现。如用自动调整方法，则比较复杂，在粉料进给系统中，加电子检测装置，以测得各瞬时物料容量变化的电讯号，经过放大装置放大后，驱动电动机，传动容杯调节机构，以及对调节容杯组合的容积，达到自动调剂控制。

二、给袋式全自动酱料包装机

给袋式全自动酱料包装机包装流程包括上袋、打印生产日期、打开袋子、填充物料、热封口、冷却整形、出料。适用于包装液体、浆体物料，如辣椒酱、香辛料调味汁等物料的包装。本生产线符合香辛料加工机械的卫生标准。机器上与物料和包装袋接触的零部件均采用符合香辛料卫生要求的材料加工，保证香辛料的卫生和安全。包装袋类型有自立袋（带拉链与不带拉链）、平面袋（三边封、四边封、手提袋、拉链袋）、纸袋等复合袋。

三、瓶罐封口机械设备

这类机械设备用于对充填或灌装产品后的瓶罐类容器进行封口。瓶罐有多种类型，不同类型的瓶罐采用不同的封口形式与机械设备。常见的瓶罐及其封口形式如下。

（一）卷边封口机

卷边封口是将罐身翻边与涂有密封填料的罐盖（或罐底）内侧周边互相钩合，卷曲并压紧，实现容器密封。罐盖（或罐底）内缘充填的弹韧性密封胶，起增强卷边封口气密性的作用。这种封口形式主要用于马口铁罐、铝箔罐等金属容器。封罐机的卷封作业过程实际上是在罐盖与罐身之间进行卷合密封的过程，这一过程称为二重卷边作业。形成密封的二重卷边的条件离不开四个基本要素，即圆边后的罐盖、具有翻边的罐身、盖钩内的胶膜和具有卷边性能的封罐机。所用板材的厚度和调质度（马口铁经过轧制塑性变形或热处理后所具有的综合机械性能）也会影响到密封的二重卷边的形成及封口质量。

（二）旋盖封口机

旋合式玻璃罐（瓶）具有开启方便的优点，在生产中应用广泛。玻璃罐盖底部内侧有盖爪，玻璃罐颈上的螺纹线正好和盖爪相吻合，置于盖子内的胶圈紧压在玻璃罐口上，保证了它的密封性。常见的盖子有四个盖爪，而玻璃罐颈上有四条螺纹线，盖子旋转1/4转时即获得密封，这种盖称为四旋式盖。此外还有六旋式盖、三旋式盖等。

（三）多功能封盖机

在大型的自动化灌装线上，封盖机一般与灌装机联动，并且作一体机型设计，从而减小灌装至封盖的行程，使生产线结构更为紧凑。目前还开发出了自动洗瓶、灌装、封盖三合一的机型。然而，无论作为灌装机的联动设备，或是独立驱动的自动封盖机，其结构及工作原理是基本一致的。一些自动封盖机已设计成多功能的型式，可同时适用于玻璃瓶和聚酯瓶的封盖。只要更换封盖头及一些零部件便可适应不同盖型的封口。全自动封盖机，主要由理盖器、滑盖槽、封盖装置、主轴以及输瓶装置、传动装置、电控装置和机座等组成。可适用皇冠盖及防盗盖的封口。

四、无菌包装机械

无菌包装就是在无菌环境条件下，把无菌的或预杀菌的产品充填到无菌容器中并进行密封。无菌包装的操作包括香辛料物料的预杀菌、包装材料或容器的灭菌、充填密封环境的无菌化。理论上讲，不论是液体还是固体香辛料均可采用无菌方式进行包装。但实际上，由于固体物料的快速杀菌存在难度，或者固体物料本身有相对的储藏稳定性，因此，一般无菌包装多指液体香辛料的无菌包装。目前香辛料工业采用的无菌包装设备主要有三种类型。

（一）卷材成型无菌包装机

主机包括包装材料灭菌、纸板成型封口、充填和分割等机构。辅助部分提供无菌空气和双氧水等的装置。包装卷材经一系列张紧辊平衡张力后进入双氧水浴槽，灭菌后进入机器上部的无菌腔并折叠成筒状，由纸筒纵缝加热器封接纵缝；同时无菌的物料从充填管灌入纸筒，随后横向封口钳将纸筒挤压成长方筒形并封切为单个盒；离开无菌区的准长方形纸盒由折叠机将其上下的棱角折叠并与盒体黏结成为规则的长方形（俗称砖形），最后由输送带送出。

（二）预制盒式无菌包装机

与普通包装一样，无菌包装也可用预制包装容器进行包装。主要包括盒坯的输送与成型系统、容器的灭菌系统、无菌充填系统及容器顶端的密封系统等。这类机器的优点是灵活性大，可以适应不同大小的包装盒，变换时间仅需 2min；纸盒外形较美观，且较坚实；产品无菌性也很可靠；生产速度较快，而设备外形高度低，易于实行连续化生产。缺点是必须用制好的包装盒，从而会使成本有所增加。

（三）大袋无菌包装机

大袋无菌包装是将灭菌后的料液灌装到无菌袋内的无菌包装技术。由于容量大（范围在 20～200L），无菌袋通常是衬在硬质（如盒、箱、桶等）外包装容器内，灌装后再将外包装封口。这种既方便搬运又方便使用的无菌包装也称为箱中袋无菌包装。

五、贴标与喷码机械

香辛料内包装往往需要粘贴商标之类的标签以及印上日期、批号之类的字码。这些操作须在外包装以前完成。对于小规模生产的企业，这些操作可以用手工完成，但规模化香辛料生产多使用高效率的贴标机和喷码机。

贴标签机是将印有商标图案的标签粘贴在香辛料内包装容器特定部位的机器。由于包装目的、所用包装容器的种类和贴标粘接剂种类等方面的差异，贴标机有多种类型。按操作自动化程度可分为半自动贴标机和自动贴标机。

喷码机是一种工业专用生产设备，可在各种材质的产品表面喷印上图案、文字、即时日期、时间、流水号、条形码及可变数码等。

六、外包装机械设备

外包装作业一般包括四个方面：外包装箱的准备工作（例如将

成叠的、折叠好的扁平纸箱打开并成型)，将装有香辛料的容器进行装箱、封箱、捆扎。完成这四种操作的机械分别称为成箱机、装箱机、封箱机、捆扎机（或结扎机）。这些单机不断改进发展的同时，又出现了全自动包装线，把内包装香辛料的排列、装箱和捆包联合起来，即将小件香辛料集排装入箱、封箱和捆包于一体同步完成。由于包装容器有罐、瓶、袋、盒、杯等不同种类，而且形状、材料又各不相同，因而外包装机械的种类和型式较多。

第七节 香辛料切割设备

一、擦皮机

鲜姜高效脱皮对提高姜制品质量，降低生产成本，具有重要意义。鲜姜等块根、块茎类香辛料的外皮在加工成成品之前，大多需要除去表皮。由于原料的种类不同，皮层与果肉结合的牢固程度不同，生产的产品不同，对原料的去皮要求也不同。去皮的基本要求是去皮完全、彻底，原料损耗少。目前香辛料加工中常用的去皮方法有化学去皮和机械去皮。

（一）化学去皮

化学去皮又称碱液去皮，即将原料在一定温度的碱液中处理适当的时间，果皮被腐蚀，取出后，立即用清水冲洗或搓擦，外皮脱落，并洗去碱液。

（二）机械去皮

机械去皮应用较广，既有简易的手工去皮又有特种去皮机。按去皮原理不同可分为机械切削去皮、机械磨削去皮和机械摩擦去皮。

（1）机械切削去皮　采用锋利的刀片削除表面皮层。去皮速度较快，但不完全，且原料损失较多，一般需用手工加以修整，难以实现完全机械作业，适用于果大、皮薄、肉质较硬的香辛料原料。

（2）机械磨削去皮　利用覆有磨料的工作面除去表面皮层。可高速作业，易于实现完全机械操作，所得碎皮细小，便于用水或气流清除，但去皮后表面较粗糙，适用于质地坚硬、皮薄、外形整齐的原料。

（3）机械摩擦去皮　利用摩擦系数大、接触面积大的工作构件而产生的摩擦作用使表皮发生撕裂破坏而被去除。所得产品表面质量好，碎皮尺寸大，去皮死角少，但作用强度差，适用于果大、皮薄、皮下组织松散的原料。

二、切片机

切割机械是香辛料加工中最为常见的作业机械之一，它通过对加工物料进行机械剪切，从而得到所需要的形状和尺寸的产品，如片、条、丁、块、泥（糜）等形态，可应用于加工工艺的不同程序。

在进行切割时，在切割平面内的切割方向上刀片与物料之间必须保持一定的相对运动，才能完成切入直至切断。切割器是直接完成切割作业的部件，是切割机械的核心。切割器的类型及结构直接影响着切割机械的功能及整体性能。切割器一般可按切割方式和结构形式划分。

（一）按切割方式

按切割方式，切割器分为有支撑切割器和无支撑切割器两种。

（1）有支撑切割器　即在切割点附近有支撑面，切割物料起阻止物料沿刀片刃口运动方向移动的作用。这种切割器在结构上表现为由动刀和定刀（或另一动刀）构成切割幅。为保证整齐稳定的切割断面质量，要求动刀与定刀之间在切割点处的刀片间隙尽可能小且均匀一致。这种切割器所需刀片切割速度较低，碎段尺寸均匀、稳定，动力消耗少，多用于切片、段、丝等要求形状及尺寸稳定一致的场合。

（2）无支撑切割器　指物料在被切割时，由物料自身的惯性和变形力阻止其沿切割方向移动。这种切割器仅包含有一个（组）动刀，而无定刀（或另一动刀）。所需刀片切割速度高，碎段尺寸不均匀，动力消耗多，多用于碎块、浆、糜等形状及尺寸一致性要求不高的场合。

（二）按结构形式分

按结构形式，切割器分为盘刀式、滚刀式和组合刀式三种。

（1）盘刀式切割器　动刀刃口工作时所形成的轨迹近似为圆盘形，即刃口所在平（曲）面近似垂直回转轴线，所得到的产品断面为平面，是应用广泛的一种切割器。这种切割器便于布置，切割性能好，易于切制出几何形状规则的片状、块状产品。

（2）滚刀式切割器　动刀刃口工作时所形成的轨迹近似为圆柱面，即刃口所在平（曲）面近似平行回转轴线，所切出的断面呈圆柱面。在一些对产品形状要求不严格的场合，为便于收集切割出的产品，切割刀片固定在机壳上，而物料移动。滚刀式切割器的刀片主要有直刃口、螺旋刃口。

在实际生产中使用的刀片形状多种多样，选用时取决于被切割物料的种类、几何形状、物理特性、成品的形状及质量要求。

第六章

香辛料质量标准

由于香辛料应用品种增加，应用领域扩大，应用形式多样化，使得对香辛料产品质量的要求不仅仅停留在对植物性产品本身的质量要求上，而是在植物性产品基础上有更大的拓展和全面提升。对香辛料的质量要求不仅包括理化和感官指标，而且包括了香辛料的微生物指标、洁净度指标、外来物和香辛料植物附属物指标。

香辛料产品质量的标准化需要对产品的质量进行分等分级。对香辛料进行分等分级，能更合理、有效地体现优质优价，同时终端产品能覆盖更大范围的目标人群。产品洁净度，通俗理解就是产品的看相和干净程度。洁净度是一个综合指标，它主要由附着物（沙土）、附属物、夹带异种植物、色泽以及微生物污染等因素决定，当外来物（指异种植物和泥沙等）、附属物（与产品属同种植物的其他植物部分）指标符合要求时产品的洁净度高，否则洁净度低。微生物指标则要求产品不得带大肠杆菌、致病菌、有害菌及其毒素（如黄曲霉毒素）等，同时对细菌总数也有较高要求，设立香辛料微生物指标能有效规范香辛料企业从生产、加工、储存、流通和销售各个环节的卫生条件，进一步降低有害微生物对消费者的安全威胁，降低人体受微生物侵害的风险，为安全使用香辛料提供了可靠保障。

在香辛料的生产、加工过程中，需参照相应的国家标准来对香辛料进行取样操作、成分检测，控制其质量标准。但需要引起注意的是目前香辛料行业存在着种种问题，导致香辛料产品容易发生重金属污染、微生物严重超标等安全质量问题，对香辛料产品的质量和食品安全都会产生不良影响。香辛料行业存在的问题主要有：①目前我国香辛料标准化水平与国际国内香辛料产业化发展不相适应，各类各级标准欠缺严重，难以满足香辛料市场化、产业化发展需要，也难以满足香辛料质量安全控制的需要。②随着现代农业种植过程中农药、化肥等化学用品的频繁使用，香辛料原料在种植环节中容易受到农残污染和重金属污染。③香辛料产品在原料处理、原料保存、产品加工过程当中由于操作不规范、储存环境不达标、未做杀菌处理等因素，容易导致微生物超标从而变相引发其他的食品质量安全发生问题。④我国香辛料的生产加工起步较晚，大部分处于粗加工状况，不同香辛料加工具有不同特点，不规范的加工操作常导致香辛料的质量出现问题。只有在种植环节、储运环节、加工环节等采取综合质量控制措施，如产地环境源头控制、仓储保存有效防菌、辅料产品合格选择、产品加工工艺科学、动态杀菌控制等才能有效对香辛料产品质量安全进行控制。

我国香辛料行业正处于作坊式生产向机械化、工业化生产的过渡阶段，解决香辛料行业的问题需要采取积极有效的对策，进一步完善香辛料生产管理和质量控制标准

（1）实现香辛料行业标准化　PH 取措施健全香辛料行业的标准体系，形成国家标准、行业标准相互协调和配套的机制。从植物种植标准化、环境标准化、栽培管理标准化、采收标准化、加工标准化、储藏运输标准化等入手，始终将标准化贯穿于香辛料产品生产加工贸易全过程，严格执行标准规范。确保香辛料生产链各环节的标准化实施，提高产品的合格率和高质量率，有利于提高我国香辛料产品的全过程质量控制。

（2）完善香辛料检验检测标准　建立行业统一的香辛料检验检测体系，制定一批完善的香辛料质量检测标准，并建立香辛料检测信息统一平台，及时将香辛料检测信息在行业和社会内进行公布，保障香辛料质量安全。

（3）构建香辛料质量安全追溯系统　实施“从农田到餐桌”的香辛料产品全程可追溯，构建统一的香辛料质量安全追溯系统，对香辛料产品进行生产、收购、加工和销售的全程标准化质量控制，

一旦出现问题及时对产品进行召回和控制。

（4）开展香辛料风险评估预警研究　根据香辛料的检测信息、追溯信息、市场信息等，开展香辛料质量风险的早期预警和质量风险评估研究，可为规范香辛料产品市场流通和保障消费者利益创造有利条件。

第一节　香辛料成分检测

一、香辛料样品取样方法

香辛料取样方法参照GB/T 12729.2—2008进行。

1. 术语和定义

交货批（consignment）：一次发运或接收的货物。

批（lot）：交货批中品质相同、数量独立的货物为一批，可用于质量评价。

基础样品（basic sample）：从一批的一个位置取出的少量货物。

混合样品（bulk sample）：将批的全部基础样品混合均匀后的样品。

实验室样品（laboratory sample）：从混合样品分出用于分析检测的样品。

2. 取样的一般要求

（1）取样应在贸易双方协商一致后进行，并由贸易双方指定取样人员。

（2）在取样之前，要核实被检货物。

（3）要保证取样工具或容器清洁、干燥。

（4）取样要在干燥、洁净的环境中进行，避免样品或容器受到污染。

（5）取样完成后，随即填写取样报告。

3. 取样方法

（1）基础样品的取样方法　按表6-1的要求，取样人员从批中抽取包装检验。抽取包装的数目（n）取决于批的大小（N）。

表6-1　批与抽取包装数

批的大小(N)	抽取包装的数目(n)
1～4个包装	全部包装
5～49个包装	5个包装
50～100个包装	10%的包装
100个包装以上	包装数的算数平方根

在装货、卸货或码垛、倒垛时从任一包装开始，每数到N/n时，从批中取出包装，在选出包装的不同位置取基础样品。

（2）混合样品的取样方法　将抽取的全部基础样品混合均匀。将混合样品等分为四份：一份用于实验室分析检验，一份给买方，一份给卖方，再一份当场封存作为仲裁样品。

（3）实验室样品的取样方法　实验室样品的数量应按照合同要求或按检验项目所需样品量的3倍从混合样品中抽取，其中一份做检验，一份做复验，一份做备查。

4. 实验室样品的包装和标志

（1）样品的包装　实验室样品要放在洁净、干燥的玻璃容器内，容器的大小以样品全部充满为宜。将样品装入容器后立即密封。

（2）样品的标志　实验室样品应做好标志，标签内容包括以下项目：①品名、种类、品种、等级；②产地；③进货日期；④取样人姓名和地址；⑤取样时间、地点。

取样时发现样品有污染，应记录下来。

5. 实验室样品的储存和运送

实验室样品应在常温下保存，需长期储存的样品要存放于阴凉、干燥的地方。

用于分析的实验室样品应尽快送达实验室。

二、分析用香辛料粉末试样的制备

参照 GB/T 12729.3—2008 制备用于分析的香辛料粉末试样。

1. 原理

将实验室样品充分混匀，按香辛料和调味品国家标准规定的颗粒度粉碎。没有规定的均按 1mm 大小颗粒粉碎。

2. 仪器设备

（1）粉碎机　粉碎机由不吸水的材料制成，易清洗、死角小，操作时尽可能避免与外界空气接触，不产生过热现象，能迅速粉碎而不改变试样组成，使用方便。

（2）样品容器　样品容器为洁净、干燥、密封的玻璃容器，不使用其他材质的容器，其大小以装满粉末试样为宜。

3. 取样

按规定的香辛料样品取样方法取样。

4. 操作步骤

（1）筛网选择　按有关香辛料和调味品国家标准的规定选择筛网，没有规定的均选用 1mm 大小的筛网。

（2）粉碎试样　混匀样品。用选定筛网的粉碎机粉碎，弃去最初少量试样，收集粉碎试样，小心混匀，避免层化，装入样品容器中立即密封。

三、香辛料磨碎细度的测定（手筛法）

香辛料磨碎细度的测定（手筛法）参照 GB/T 12729.4—2008 进行。

1. 仪器设备

根据产品标准选定试验筛目数。试验筛应符合 GB/T 6003.1—2012 的要求。

（1）试验筛网　试验筛网应符合 GB/T 6003.1—2012 的要求。

（2）试验筛的大小和形状　试验筛为直径 200mm 的圆形筛。

2. 操作步骤

（1）称样　称取大于100g、具有代表性的磨碎试样。

（2）过筛方法　取所需目数的一个或一组试验筛连同接收盘和盖一起使用。将试样置于筛网上，双手握住试验筛呈水平方向或倾斜20°角，往复摇动。每分钟约120次，振幅约70mm。

（3）过筛终点　当1min内通过某目数试验筛的质量小于试样质量的0.1%时即为过筛终点。特殊试样过筛终点应通过试验确定。

3. 结果的表述

（1）称量　称量试验筛上的筛上物质量，精确至0.1 g。

（2）计算克试样中某目数筛上物的克数

$$X=\frac{m_1}{m}\times 1000 \qquad (6\text{-}1)$$

式中　X——某目数筛上物的含量，g/kg；

m_1——某目数筛上物的质量，g；

m——试样质量，g。

（3）重复性　同一试样两次测定结果的相对偏差不大于15%。

四、香辛料水分含量的测定（蒸馏法）

香辛料水分含量的测定（蒸馏法）参照GB/T 12729.6—2008进行。

1. 原理

在试样中加入有机溶剂，采用共沸蒸馏法，将试样中水分分离。按分离出水分的容量，计算试样的水分含量。

2. 试剂

甲苯（分析纯）：用前加水饱和，振摇数分钟，分去水层，蒸馏，收集澄清透明的蒸馏液备用。

3. 仪器设备

（1）水分测定器（图6-1）

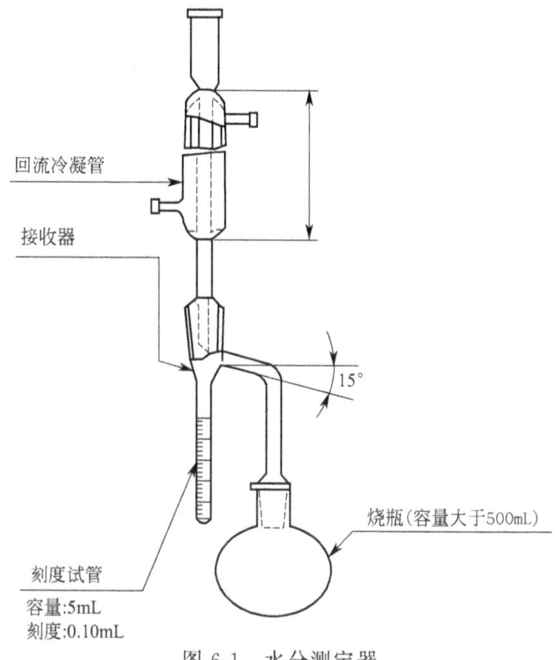

图 6-1 水分测定器

（2）调温电热套。

4. 试样的制备

按 GB/T 12729.2—2008 取样，按 GB/T 12729.3—2008 制备试样。

5. 分析步骤

（1）水分测定器的准备 使用前须用铬酸洗涤液充分洗涤，除净油污，烘干。

（2）称样 称取适量试样（含水量 2.0～4.5mL），精确至 0.01g，置于水分测定器烧瓶中。

（3）测定 加适量甲苯于烧瓶中，将试样浸没，振摇混合。连接水分测定器各部分，从冷凝管上口注入甲苯，直至装满接收器并溢入烧瓶。在冷凝管上口填塞少量脱脂棉或加装盛有氯化钙的干燥管，以减少大气中水分凝结。用石棉布将烧瓶上部和接收器导管包裹。加热缓慢蒸馏（蒸馏速度 2 滴/s）。当大部分水分已蒸出时，加快蒸馏速度（蒸馏速度 4 滴/s），直至冷凝管尖端无水滴。从冷凝管上口加入甲苯，将冷凝管内壁附着的水滴洗入接收器。继续蒸馏至接收器上部及冷凝管壁无水滴，且接收器中的水相液面保持 30min 不变，关闭热源。

取下接收器，冷却至室温。读取接收器中水的毫升数，精确至 0.05mL。

6. 分析结果的表述

（1）计算方法　试样的水分含量以质量分数计，数值以%表示，按式(6-2)计算：

$$X=\frac{V\times\rho}{m}\times 1000 \tag{6-2}$$

式中　X——试样的水分含量,%；

V——接收器中水的体积，mL；

ρ——水的密度，1g/mL；

m——试样的质量，g。

如果重复性符合下述有关重复性的要求，取两次测定结果的算术平均值报告结果，表示到小数点后一位。

（2）重复性　同一试样两次测定结果之差，每 100g 试样不得超过 0.4g。

五、香辛料总灰分的测定

香辛料总灰分的测定参照 GB/T 12729.7—2008 进行。

1. 原理

试样炭化后于 550±25℃温度下灼烧至恒重，称量残留的无机物。

2. 试剂

盐酸溶液（1+5）。

3. 主要仪器设备

分析天平、瓷坩埚、干燥器、电热板或水浴锅、调温电炉、高温电炉 550℃±25℃。

4. 试样的制备

按照 GB/T 12729.2—2008 的方法取样，按照 GB/T 12729.3—2008 的方法制备样品。

5. 分析步骤

(1) 坩埚的准备　将坩埚浸没于盐酸溶液中，加热煮沸 10～60min，洗净，干燥，在 550℃±25℃高温电炉中灼烧 4h，待炉温降至 200℃时取出坩埚，将其移入干燥器中冷却至室温，称量（精确至 1mg）。重复灼烧至连续两次称量差不超过 1mg 为恒重。

(2) 称样　固体试样称取 2～3g，精确至 1mg；液体试样称取 30～40g，精确至 10mg。

(3) 测定　将盛有试样的坩埚放在电热板（或水浴锅）上，缓慢加热，待试样中水分蒸干后置于电炉上炭化至无烟。移入高温电炉中，升温至 550℃±25℃灼烧 2h。待炉温降至 200℃时取出坩埚，小心加入少量水使残灰充分湿润，再于电热板（或水浴锅）上蒸干，移入高温电炉中升温至 550℃±25℃灼烧 1h。若湿润时灰分中无炭粒，则待炉温降至 200℃时取出坩埚放入干燥器中冷却至室温，称量。若湿润时灰分中有炭粒，则重复用水湿润和灼烧至无炭粒为止，再置于高温电炉中灼烧 1h。待炉温降至 200℃时取出坩埚，移入干燥器中冷却至室温，称量。重复灼烧至连续两次称量差不超过 1mg 为恒重。

6. 分析结果的表述

(1) 总灰分含量（以湿态计）的计算　总灰分含量以湿态质量分数计，数值以%表示，按式(6-3)计算。

$$X_1=\frac{m_2-m_0}{m_1-m_0}\times 100 \qquad (6\text{-}3)$$

式中　X_1——总灰分含量（以湿态计），%；

m_2——坩埚和总灰分的质量，g；

m_0——坩埚的质量，g；

m_1——坩埚和试样的质量，g。

(2) 总灰分含量（以干态计）的计算　总灰分含量以干态质量分数计，数值以%表示，按式(6-4)计算：

$$X_2 = X_1 \times \frac{100}{100-H} \tag{6-4}$$

式中 X_2——总灰分含量（以干态计），%；

X_1——总灰分含量（以湿态计），%；

H——试样水分含量，%。

如果重复性符合下述重复性要求，取两次测定结果的算术平均值报告结果。

灰分大于10%，结果表示到小数点后一位（0.1%）；灰分1%～10%，结果表示到小数点后两位（0.01%）；灰分小于1%，结果表示到小数点后三位（0.001%）。

（3）重复性　同一样品的两次测定结果之差：灰分小于10%，每100g试样不得超过0.2g；灰分大于或等于10%，不得超过平均值的2%。

六、香辛料中挥发油含量的测定

香辛料挥发油含量的测定参照GB/T 30385—2013进行。

1. 原理

蒸馏试样的水悬浮液，馏分收集于存有二甲苯的刻度管中，当有机相与水相分层后，读取有机相的体积毫升数，扣除二甲苯体积后计算出挥发油含量。挥发油含量表示为每100g绝干产品中所含挥发油的毫升数。

2. 试剂

二甲苯（分析纯），丙酮（分析纯）。

硫酸-重铬酸钾洗液：持续搅拌下，将1体积浓硫酸缓慢加到1体积的饱和重铬酸钾溶液中，混匀冷却后，用玻璃漏斗过滤。（注意：皮肤和黏膜不要接触上述洗液。）

3. 仪器

（1）蒸馏器　由圆底烧瓶、冷凝器和汽阱组成。圆底烧瓶容量为500mL或1000mL。冷凝器（图6-2）由以下部分组成：①直管（AC）：下端带磨口，与圆底烧瓶连接；②弯管（CDE）；③直形球状冷凝管（FG）；④附件：带塞（K′）支管（K）、梨形缓冲瓶（J）、分度0.05mL的刻度管（JL）、球形缓冲瓶（L）、三通阀（M），单位为mm。

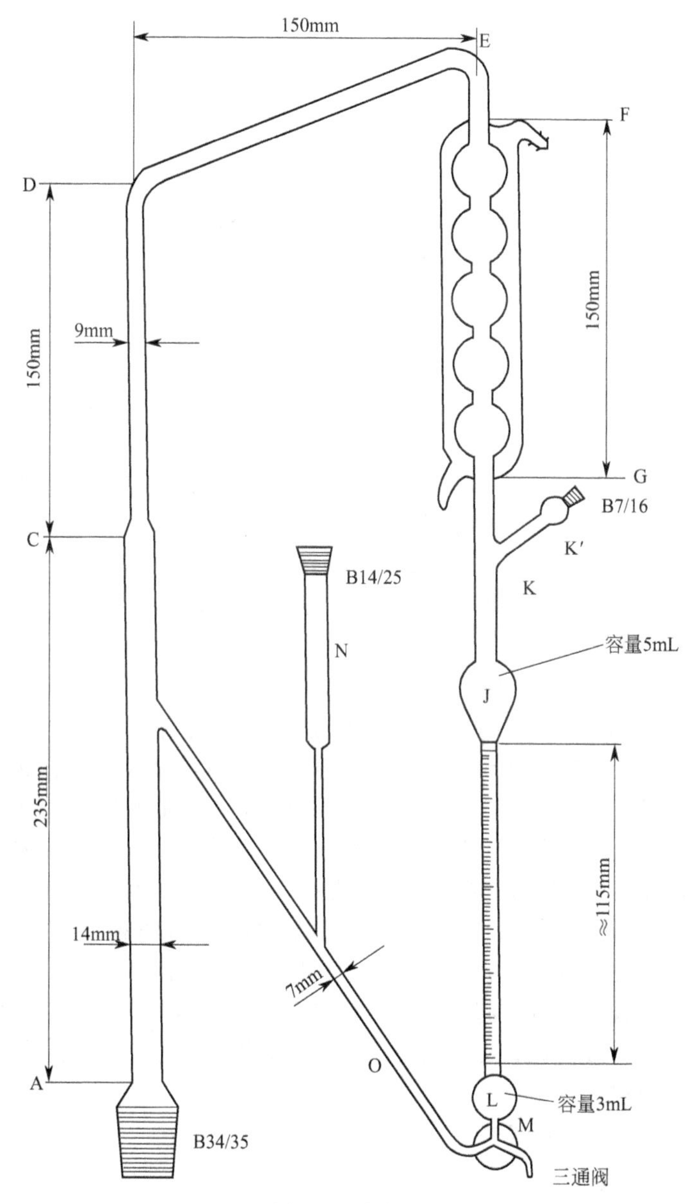
150mm
E
F
D
150mm
9mm
150mm
G
B7/16
C
K′
B14/25
K
N
容量5mL
J
235mm
≈115mm
14mm
7mm
O
A
L
容量3mL
M
B34/35
三通阀

图 6-2 冷凝器

汽阱（图 6-3），汽阱可插入支管(K)或安全管(N)中。

（2）其他仪器　包括滤纸、移液管、小玻璃珠、量筒、可调式加热器、分析天平。

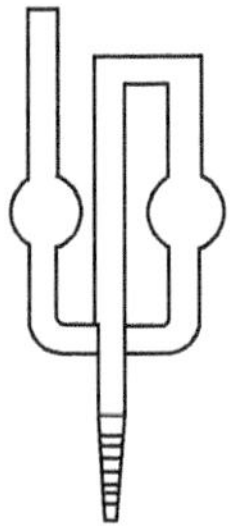

B7/16或B14/25

图 6-3　汽阱

4. 取样

试验室样品应具有代表性，储运过程中不得损坏或发生变化。取样不属本标准规定方法所包括的内容，建议取样按 ISO 948 的规定执行。

5. 分析步骤

（1）蒸馏器的准备　洗净冷凝器，将玻璃塞子（K′）盖紧支管（K）、汽阱置于安全管上（N），将冷凝器倒置，注满洗涤液，放置过夜，洗净后再用水漂洗，烘干备用。

（2）样品的准备　如试样需要粉碎，应根据不同产品，磨碎足量的试验样品至符合要求的细度（ISO 2825），才能加到圆底烧瓶中。磨碎过程中应确保试样的温度不升高。

（3）试样　按表 6-4 规定的样品量，称样，精确至 0.01g。

（4）测定

① 二甲苯体积的测定　用量筒将一定量的水（表 6-4）倒入圆底烧瓶并加入几粒小玻璃珠，将圆底烧瓶与蒸馏器连接，从支管（K）加水，将刻度管（JL）、收集球（L）和斜管（O）充满；用移液管从支管（K）处加入 1.0mL 二甲苯，汽阱半充满水后，连接至冷凝器，加热圆底烧瓶，将蒸馏速度调节为 2～3mL/min，蒸馏 30min 后，停止加热。调节三通阀，使二甲苯上液面与刻度管（JL）零刻度处平齐，冷却 10min 后，读取二甲苯的毫升数。

② 有机相体积的测定　将试样移入圆底烧瓶中，与冷凝器连接，加热圆底烧瓶，将蒸馏速率调节至 2～3mL/min，按表 6-4 规定的时间持续蒸馏，完成蒸馏后，停止加热，冷却 10min，读取刻度管中有机相的毫升数。

③ 水分含量的测定　按 ISO 939 的规定执行。

6. 结果表示

挥发油含量按式(6-5)计算，以每 100g 干样品中所含挥发油的毫升数表示：

$$X=100\times\frac{V_1-V_0}{m}\times\frac{100}{100-\omega} \tag{6-5}$$

式中　X——挥发油含量，mL/100g；

V_0——二甲苯体积，mL；

V_1——有机相体积，mL；

m——试样质量，g；

ω——试样水分含量（质量分数），%。

7. 精密度

（1）重复性　同一操作者在同一实验室利用相同仪器对同一样品在较短间隔内完成的 2 个独立的单次测定结果的绝对误差，应不大于表 6-2 中给出的重复性限（r）的 5%。

表 6-2　重复性

样品	挥发油平均含量(X)/(mL/100g)	重复性限(r)/(mL/100g)
牛至(碎片)	1.907	0.176
丁香(粉状)	13.956	1.960
黑胡椒(粉状)	2.624	0.331

（2）重现性　用相同方法、相同样品、在不同实验室、用不同的仪器、由不同的操作者完成的 2 个单次测定结果的绝对误差，应不大于表 6-3 中给出的重现性限（R）的 5%。

表 6-3　重现性

样品	挥发油平均含量(X)/(mL/100g)	重现性限(R)/(mL/100g)
牛至(整的或叶)	1.907	0.536
丁香(粉状)	13.956	3.662
黑胡椒(粉状)	2.624	0.796

8. 检验报告

检验报告至少应包括以下内容：①全面鉴别样品所需要的全部信息；②采用的试验方法及本标准的参考资料；③蒸馏时间（h）；④测得结果及规定的单位；⑤分析完成时间；⑥是否符合重复性限

的要求；⑦本标准未规定的所有操作细节，包括可选的、可能影响测定结果的偶然因素。

香辛料挥发油测定参数见表 6-4。

表 6-4　香辛料挥发油测定参数

序号	名称	试样质量/g	蒸馏形式	水体积/mL	蒸馏时间/h
1	茴香籽	25	粉状	500	4
2	甜罗勒	50	整/叶	500	5
3	春黄菊(罗马)	30	整/叶	300	3
4	春黄菊(普通)	50	整/叶	500(0.5mol/L 盐酸)	4
5	葛缕子	20	整	300	4
6	小豆蔻	20	整	400	5
7	肉桂	40	粉末	400	5
8	细叶芹	40	整/叶	600	5
9	桂皮	40	粉状	400	5
10	丁香	4	粉状	400	4
11	芫荽	40	粉状	400	4
12	枯茗籽	25	粉状	500	4
13	咖喱粉	25	粉状	500	4
14	莳萝、土茴香	25	粉状	500	4
15	小茴香	25	粉状	300	4
16	大蒜	25	粉状	500	4
17	姜	30	粉状	500	4
18	杜松子	25	粉状	500	5
19	肉豆蔻衣	15	粉状	400	4
20	甜牛至	40	整/叶	600	4
21	野牛至	40	整/叶	600	5
22	野薄荷	40	整/叶	600	4
23	混合香草	40	整/叶	600	4
24	混合香辛料	40	粉状	600	5
25	肉豆蔻	40	粉状	400	4
26	牛至	40	整/叶	600	4
27	欧芹	40	整/叶	600	5
28	胡薄荷	40	整/叶	600	5
29	胡椒	40	粉状	400	4
30	薄荷	50	整/叶	500	2
31	腌制香辛料	25	粉状	500	4
32	多香果	30	粉状	500	5
33	迷迭香	40	整/叶	600	5

续表

序号	名称	试样质量/g	蒸馏形式	水体积/mL	蒸馏时间/h
34	鼠尾草	40	整/叶	600	5
35	香薄荷	40	整/叶	600	5
36	龙蒿	40	整/叶	600	5
37	百里香	40	整/叶	600	5
38	姜黄	40	粉状	400	5

七、香辛料外来物含量的测定

香辛料外来物含量的测定参照 GB/T 12729.5—2008 进行。

1. 原理

外来物指通过分离得到的香辛料以外的物质。样品经物理方法分离，称量计算出外来物含量。

2. 主要仪器

表面皿、分析天平。

3. 取样

按 GB/T 12729.2—2008 的方法取样。

4. 分析步骤

(1) 表面皿的准备　洗净表面皿，干燥，称量，精确至 1mg。

(2) 称样　根据试样的不同，称取 100～1000g，精确至 0.1g。

(3) 测定　从试样 (2) 中分离外来物，放入表面皿中称量，精确至 1mg。

5. 分析结果的表述

外来物含量以 g/kg 表示，按式(6-6)计算：

$$X=\frac{m_2-m_1}{m_0}\times 10^3 \qquad (6\text{-}6)$$

式中　X——外来物含量，g/kg；

m_2——表面皿和外来物质量，g；

m_1——表面皿质量，g；

m_0——试样质量，g。

注：如果香辛料调味品产品标准中对某些外来物成分规定了限量，应分别测定并报告结果。

第二节 香辛料质量标准

香辛料产品标准中理化指标主要有水分、灰分、挥发油，感官和外观指标有颜色、气味、滋味、无霉变等，而对于安全指标涉及较少，过去由于考虑到香辛料属于干燥产品，蛋白质含量少，不具备微生物繁殖生长的必要条件，所以对微生物的指标要求过低，主要关注加工过程中产生的污染，但是，现在情况有所变化，国内外香辛料标准已开始关注对安全指标和微生物污染对香辛料产品质量的影响，不仅考虑引入农残和霉菌指标，而且对香辛料洁净度也提出了要求，洁净度主要包括外来物、附属物、杂质及安全指标；方法标准主要涉及对植物理化成分的测定，除产品标准中规定的理化指标外，还涉及一些植物功能有效成分的专项检测方法；基础标准主要规定香辛料植物学和形态学、解剖学以及名词术语，进行统一协调和科学定义、解释，以利于科研、教学和生产过程的品种甄别。

一、香辛料污染物

1. 铅

香辛料中的有毒重金属元素，一部分来自于农作物对重金属元素的富集，另一部分则来自于香辛料生产加工、储藏运输过程中出现的污染。重金属元素可通过食物链经生物浓缩，浓度提高千万倍，最后进入人体造成危害。进入人体的重金属要经过一段时间的积累才显示出毒性，往往不易被人们所察觉，具有很大的潜在危害性。

铅在自然界分布很广，是工业生产中的一种重要原料。自工业革命以来，全世界铅的产量逐年增加。工业用铅可分为金属铅和含铅化合物两大类，进入环境的铅主要是含铅化合物。我国香辛料中重金属污染主要是铅污染。铅及铅化合物是一种不可降解的环境污染物，性质稳定，可通过废水、废气、废渣大量流入环境，产生污染，危害人体健康。铅对机体的损伤呈多系统性、多器官性，包括对骨髓造血系统、免疫系统、神经系统、消化系统及其他系统的毒害作用。作为中枢神经系统毒物，铅对儿童健康的危害更为严重。因此，必须采取积极措施防治铅的污染和毒害。参照《食品中污染物限量》(GB 2762—2012)，表 6-5 列出了香辛料中铅的限量指标。

表 6-5　香辛料中铅的限量指标

GB 2762—2012 对应类别	限量(以 Pb 计)/(mg/kg)
香辛料类	3.0

2. 真菌毒素

大多数的香辛料产自热带或亚热带的发展中国家，生产条件差以及缺乏适当的管理和控制成为香辛料加工、储藏、运输和销售过程中易受到霉菌侵染的主要原因。经过研究人们发现侵染香辛料的霉菌主要是曲霉属、青霉属、镰刀菌属、根霉属和毛霉属的一些种，其中最常见的是曲霉属和青霉属的一些种。这些霉菌可以产生几种真菌毒素，例如曲霉可以产生黄曲霉素、赭曲霉素以及棒曲霉素等真菌毒素，而青霉菌可以产生赭曲霉素、橘青霉素和棒曲霉素等真菌毒素。这样就使同一种产品中可能同时存在几种真菌毒素。

污染香辛料的霉菌在适宜的条件下可以产生的真菌毒素，主要是黄曲霉毒素和赭曲霉毒素，其中黄曲霉毒素是香辛料中最常见的真菌毒素。在已经发现的霉菌中可以产生黄曲霉毒素的有黄曲霉、寄生曲霉、黑曲霉、米曲霉、橘青霉、岛青霉等。而青霉属的疣孢青霉、曲霉属的赭曲霉以及炭色曲霉等可以产生赭曲霉毒素。

由于香辛料品种多样且居民膳食消费量很低，现行标准 GB 2761—2011《食品安全国家标准 食品中真菌毒素限量》暂未对香辛料的真菌毒素限量提出要求。在欧盟关于食品污染物限量的（EC）No 1881/2006 号法规中对部分香辛料及其干制品的真菌素限量进行了规定，黄曲霉素（B_1、B_2、G_1和G_2的总和）≤10μg/kg，黄曲霉素B_1≤5μg/kg，赭曲霉素≤15μg/kg。主要涉及的香辛料类包括辣椒类（干果、整株或地面以上部分，包括辣椒、辣椒粉）、胡椒类（果实，包括白胡椒和黑胡椒）、肉豆蔻、生姜（姜）、姜黄，以及包含上述一个或多个香辛料的混合物。

二、农药残留

农药残留指农药使用后残存于生物体、农副产品和环境中的微量农药原体、有毒代谢物、降解物和杂质的总称，以每千克样本中有多少毫克（或微克、纳克等）表示。近年来，随着人们生活水平的提高，蔬菜消费量逐年增加，形成了一个巨大的商业市场，菜农为了追求经济利益，大量使用高毒、高残留的农药等化学品，造成了频繁出现蔬菜中农药残留超标现象。我国每年都会发生因误食高毒农药污染的蔬菜而造成人畜中毒的事件，甚至还因农药残留超标而使蔬菜出口受阻。

一些香辛料由于本身就是蔬菜或者与蔬菜种植有着天然的联系，也同样面临着农药残留的问题。目前我国主要有3类农药残留：一是有机磷农药，作为神经毒物，会引起神经功能紊乱、震颤、精神错乱、语言失常等症状；二是拟除虫菊酯类农药，毒性一般较大，有蓄积性，中毒表现症状为神经系统症状和皮肤刺激症状；三是一些常用杀菌剂类农药。有机磷农药因在农业病虫害防治方面具有高效、安全、经济、方便、应用范围广等特点，是我国现阶段使用量最大的农药。

常用香辛料的农药残留限量参照GB 2763—2014《食品安全国家标准——食品中农药最大残留限量》规定，如表6-6所示。在该标准中，有的农药限量只提到鳞茎类蔬菜，而有的则列出了大蒜、葱、洋葱等具体名称。在该标准中，鳞茎类蔬菜包括大蒜、葱、洋葱等。根茎类蔬菜也是这样的，根茎类蔬菜包括姜。此外，还需要说明的一点是在该标准中没有提到花椒、桂皮、八角等木本香辛料的农药残留限量。在香辛料生产、贸易过程中用到香辛料的农药残留量检测方法，可以参考 GB 2763—2014 中提到的相应检测方法。

表 6-6　部分常用香辛料农药残留限量

农药	最大残留限量/(mg/kg)						
	大蒜	葱	洋葱	鳞茎类蔬菜	根茎类蔬菜	干辣椒	胡椒
阿维菌素						0.2	0.05
百草枯				0.05	0.05		
保棉磷				0.5	0.5	10	
倍硫磷				0.05	0.05		
苯醚甲环唑	0.2	0.3					
苯线磷				0.02	0.02		
丙溴磷						20	
敌百虫				0.2	0.2		
敌敌畏				0.2	0.2		
地虫硫磷				0.01	0.01		
对硫磷				0.01	0.01		
多杀霉素		4	0.1				
二嗪磷		1	0.05			0.5	5
甲胺磷				0.05	0.05		
甲拌磷				0.01	0.01		
甲基对硫磷				0.02	0.02		
甲基硫环磷				0.03	0.03		
甲基异柳磷				0.01	0.01		
甲硫威			0.5				
甲萘威				1	1		
甲霜灵和精甲霜灵			2				5
精二甲吩草胺	0.01	0.01	0.01				
久效磷				0.03	0.03		
抗蚜威	0.1		0.1		0.05	20	5
克百威				0.02	0.02		
乐果	0.2	0.2	0.2				
氯氟氰菊酯				0.2	0.01	3	
氯菊酯		0.5		1	1	10	
马拉硫磷	0.5	5	1				2
杀螟硫磷				0.5	0.5		
双炔酰菌胺		7	0.1				
涕灭威				0.03	0.03		
戊唑醇	0.1		0.1			10	

续表

农药	最大残留限量/(mg/kg)						
	大蒜	葱	洋葱	鳞茎类蔬菜	根茎类蔬菜	干辣椒	胡椒
辛硫磷	0.1			0.05	0.05		
溴氰菊酯			0.05				
氧乐果				0.02	0.02		
乙酰甲胺磷				1	1	50	
治螟磷				0.01	0.01		
艾氏剂				0.05	0.05		
滴滴涕(DDT)				0.05	0.05		
狄氏剂				0.05	0.05		
六六六				0.05	0.05		

三、微生物

香辛料由于是用传统方法制成而且暴露于许多污染源中，同时在香辛料的运输、储藏过程中也极易受到各种污染源的污染，因而绝大多数香辛料成品都或多或少会带上一些微生物，其中还有一些为致病菌。在香辛料的使用之前对其微生物品质进行一些分析及深入了解，对保证其品质是很有必要的。食品微生物检测项目通常包括菌落总数（又称总生菌）、大肠菌群、霉菌、酵母以及致病菌等。其中致病菌与食品安全关系最为密切。

致病菌是常见的致病性微生物，能够引起人或动物疾病。食品中的致病菌主要有沙门菌、副溶血性弧菌、大肠杆菌、金黄色葡萄球菌等。据统计，我国每年由食品中致病菌引起的食源性疾病报告病例数约占全部报告的40%～50%。

《食品安全法》规定，食品安全标准应当包括食品、食品相关产品中的致病性微生物、农药残留、兽药残留、重金属、污染物质以及其他危害人体健康物质的限量规定。目前，我国涉及食品致病菌限量的现行食品标准共计500多项，标准中致病菌指标的设置存在重复、交叉、矛盾或缺失等问题。为控制食品中致病菌污染，预防微生物性食源性疾病发生，同时整合分散在不同食品标准中的致病菌限量规定，国家卫生计生委委托国家食品安全风险评估中心牵头起草《食品中致病菌限量》（GB 29921—2013，以下简称GB

29921)。标准经食品安全国家标准审评委员会审查通过，于2013年12月26日发布，自2014年7月1日正式实施。GB29921属于通用标准，适用于预包装食品。

GB29921规定了肉制品、水产制品、即食蛋制品、粮食制品、即食豆类制品、巧克力类及可可制品、即食果蔬制品、饮料、冷冻饮品、即食调味品、坚果籽实制品等11类食品中沙门菌、单核细胞增生李斯特菌、大肠埃希菌O157：H7、金黄色葡萄球菌、副溶血性弧菌等5种致病菌限量规定。GB29921中的即食调味品包括酱油（酿造酱油、配制酱油）、酱（酿造酱、配制酱）、即食复合调味料（沙拉酱、肉汤、调味清汁及以动物性原料和蔬菜为基料的即食酱类）及水产调味料（鱼露、蚝油、虾酱）等。GB29921不对香辛料类调味品规定致病菌限量。

由于香辛料类调味品一般不具有即食特点，其一般作为佐料在食品烹饪过程中少量使用，因此在GB29921中没有相关致病菌限量的规定。但是，一些加工过的复合即食食品，如豆豉辣酱、肉丝豆豉辣酱等，这类调味酱具有即食性，已经不是单纯的香辛料了，因此其致病菌限量应符合国家标准。

四、香辛料中的添加剂

《食品卫生法》中的食品添加剂是指为改善食品品质和色、香、味以及防腐和加工工艺的需要而加入食品中的化学合成或天然物质。香辛料中使用食品添加剂的目的是为了保持香辛料的质量、增加其风味、保持或改善其功能性质、感官性质和简化加工过程等。食品添加剂按功能作用可分为32类，在香辛料生产过程中使用的主要有增味剂、乳化剂、着色剂、甜味剂、抗氧化剂、防腐剂等。

食品添加剂的使用存在着不安全性的因素，因为有些食品添加剂不是传统食品的成分，对其生理生化作用我们还不太了解，或还未做长期全面的毒理学试验等。有些食品添加剂本身虽不具有毒害作用，但由于产品不纯等因素也会引起毒害作用。这是因为合成食品添加剂时可能带进残留的催化剂、副反应产物等工业污染物。对于天然的食品添加剂也可能带入我们还不太了解的动植物中的有毒成分，另外天然物在提取过程中也存在化学试剂或被微生物污染的可能。为了规范和安全使用食品添加剂，国家卫生和计划生育委员会制定实施了《食品添加剂使用标准》（GB2760—2014），该标准全面地规定了我国食品添加剂使用限量，该标准囊括了香辛料中食品添加剂的使用限量，在香辛料中允许使用的食品添加剂及其最大使用量如表6-7所示。

表6-7　香辛料中允许使用的食品添加剂以及最大使用量

添加剂	食品分类号	食品名称	最大使用量/(g/kg)	备注
氨基乙酸（又名甘氨酸）	12.0	调味品	1.0	
L-丙氨酸	12.0	调味品	按生产需要适量使用	
单、双甘油脂肪酸酯	12.09	香辛料类	5.0	
纽甜	12.09.03	香辛料酱（如芥末酱、青芥酱）	0.012	
二氧化硅	12.09	香辛料类	20.0	
硅酸钙	12.09.01	香辛料及粉	按生产需要适量使用	
果胶	12.09	香辛料类	按生产需要适量使用	
海藻酸钠	12.09	香辛料类	按生产需要适量使用	
红花黄	12.0	调味品（12.01盐及代盐制品除外）	0.5	
红曲米、红曲红	12.0	调味品（12.01盐及代盐制品除外）	按生产需要适量使用	
琥珀酸二钠	12.0	调味品	20.0	
黄原胶	12.09	香辛料类	按生产需要适量使用	
姜黄	12.0	调味品	按生产需要适量使用	

续表

添加剂	食品分类号	食品名称	最大使用量/(g/kg)	备注
聚甘油脂肪酸酯	12.0	调味品（仅限用于膨化食品的调味料）	10.0	
ε-聚赖氨酸盐酸盐	12.0	调味品	0.50	
卡拉胶	12.09	香辛料类	按生产需要适量使用	
辣椒红	12.0	调味品（12.01 盐及代盐制品除外）	按生产需要适量使用	
亮蓝及其铝色淀	12.09.01	香辛料及粉	0.01	
	12.09.03	香辛料酱（如芥末酱、青芥酱）	0.01	以亮蓝计
柠檬黄及其铝色淀	12.09.03	香辛料酱（如芥末酱、青芥酱）	0.1	以柠檬黄计
三氯蔗糖	12.09.03	香辛料酱（如芥末酱、青芥酱）	0.4	
山梨糖醇	12.0	调味品	按生产需要适量使用	
双乙酸钠	12.0	调味品	2.5	
双乙酰酒石酸单双甘油酯	12.09	香辛料类	0.001	
天门冬酰苯丙氨酸甲酯乙酰磺胺酸	12.0	调味品	1.13	
甜菊糖苷	12.0	调味品	0.35	以甜菊醇当量计
安赛蜜	12.0	调味品	0.5	
硬脂酸钙	12.09.01	香辛料及粉	20.0	
硬脂酸钾	12.09.01	香辛料及粉	20.0	
藻蓝	12.09.01	香辛料及粉	0.8	
皂荚糖胶	12.0	调味品	4.0	
蔗糖脂肪酸酯	12.0	调味品	5.0	
栀子黄	12.0	调味品（12.01 盐及代盐制品除外）	1.5	
栀子蓝	12.0	调味品（12.01 盐及代盐制品除外）	0.5	

五、香辛料及其制品农业标准

香辛料及其制品农业标准参照 NY/T 901—2011。该标准适用于绿色食品干制香辛料和即食香辛料调味粉，不适用于辣椒及其制品。

（一）术语和定义

香辛料：常用于食品加香调味，能赋予食品以香、辛、辣等风味的天然植物性产品。

干制香辛料：各种新鲜香辛料经干制之后的产品。

即食香辛料调味粉：干制香辛料经研磨和灭菌等工艺过程加工而成的，可供即食的粉末状产品。

缺陷品：外观有缺陷（如未成熟、虫蚀、病斑、破损、畸形等）的香辛料产品。

（二）要求

1. 环境

香辛料产地应符合 NY/T 391—2013 的规定。

2. 生产和加工

（1）生产过程中农药的使用应符合 NY/T 393—2013 的规定。

（2）生产过程中肥料的使用应符合 NY/T 394—2013 的规定。

（3）加工过程的卫生要求应符合 GB 14881—2014 的规定。

（4）加工过程中不应添加各种合成色素。

（5）加工过程中不应使用硫黄。

3. 感官

香辛料及其制品感官指标应符合表 6-8 的规定。

表 6-8　香辛料及其制品感官指标

项　目	指　标	
	干制香辛料	即食香辛料调味粉
形态和色泽	具有该产品特有的形态和色泽，无霉变和腐烂现象	粉末状，具有该产品应有的色泽，无霉变和结块现象

续表

项目	指标	
	干制香辛料	即食香辛料调味粉
气味和滋味	具有该产品特有的香、辛、辣风味，无异味	
杂质	≤1g/100g	无明显杂质
缺陷品	≤7g/100g	—

4. 理化指标

香辛料及其制品理化指标应符合表6-9的规定。

表6-9　香辛料及其制品感官指标理化指标

项目	指标	
	干制香辛料	即食香辛料调味粉
水分	≤12	
总灰分	≤10	
酸不溶性灰分	≤5	
磨碎细度(以0.2mm筛上残留物计)	—	≤2.5

5. 卫生指标

香辛料及其制品卫生指标应符合表6-10的规定。

表6-10　香辛料及其制品卫生指标

项目	指标	
	干制香辛料	即食香辛料调味粉
铅(以Pb计)/(mg/kg)	≤1	
镉(以Cd计)/(mg/kg)	≤0.1	
总砷(以As计)/(mg/kg)	≤0.2	
总汞(以Hg计)/(mg/kg)	≤0.02	
黄曲霉素(B_1、B_2、G_1和G_2的总量)/(μg/kg)	≤10	
黄曲霉素B_1/(μg/kg)	≤5	
赭曲霉素A/(μg/kg)	≤3	
菌落总数/(CFU/g)	—	≤500
霉菌/(CFU/g)	—	≤25
大肠菌群/(MPN/g)	—	<3
致病菌(沙门菌、志贺菌、金黄色葡萄球菌)	—	不得检出

6. 净含量

应符合《定量包装商品计量监督管理办法》的规定。

（三）试验方法

1. 感官

（1）形态、色泽、气味和滋味　按 GB/T 15691—2008 的规定执行。

（2）杂质和缺陷品　用感量为 0.01g 的天平称取试样 100～200g，平摊于瓷盘中，分别拣出杂质和缺陷品，并称量。

用式(6-7) 和式(6-8) 分别计算杂质和缺陷品含量：

$$r_1=\frac{m_1}{m}\times 100 \tag{6-7}$$

$$r_2=\frac{m_2}{m}\times 100 \tag{6-8}$$

式中　r_1——杂质含量，g/100g；

m——试样质量，g；

m_1——杂质质量，g；

r_2——缺陷品含量，g/100g；

m_2——缺陷品质量，g。

2. 理化指标

理化指标检测参照本章第一节有关内容。

3. 卫生指标

铅、镉、总、汞、黄曲霉素（B_1、B_2、G_1 和 G_2 的总量）、黄曲霉素 B_1 的检测参照 GB 5009—2010；赭曲霉素 A 的检测按 GB/T 23502—2009 的规定执行；菌落总数、霉菌、大肠菌群、沙门菌、志贺菌、金黄色葡萄球菌按 GB 4789—2010 的规定执行。

4. 净含量

按 JJF 1070—2005《定量包装商品净含量计量检验规则》的规定执行。

六、脱水香辛料类农业标准

脱水香辛料参照脱水蔬菜 根菜类农业标准 NY/T 959—2006。

(一) 要求

原料应符合 NY/I- 714 的规定。

1. 感官指标

脱水香辛料（根菜类）感官指标应符合表 6-11 的规定。

表 6-11　脱水蔬菜根菜类的感官指标

序号	项目	指　标
1	色泽	与原料固有的色泽相近或一致
2	形态	各种形态产品的规格应均匀一致，无黏结
3	气味和滋味	具有原料固有的气味和滋味，无异味
4	复水性	95℃热水浸泡 2min，基本恢复脱水前的状态
5	杂质	无
6	霉变	无

注：碎屑、焦化、干裂、变色为主要缺陷。

2. 理化指标

脱水香辛料（根菜类）的理化指标应符合表 6-12 的规定。

表 6-12　脱水蔬菜根菜类的理化指标

项　目	指　标
水分/%	≤8.0
总灰分(以干基计)/%	≤6.0
酸不溶性灰分(以干基计)/%	≤1.5

3. 卫生指标

脱水香辛料（根菜类）的卫生指标应符合表 6-13 的规定。

表 6-13　脱水蔬菜根菜类的卫生指标

项　目	指　标
砷(以 As 计)/(mg/kg)	≤0.5
铅(以 Pb 计)/(mg/kg)	≤0.2
镉(以 Cd 计)/(mg/kg)	≤0.05
汞(以 Hg 计)/(mg/kg)	≤0.01
亚硝酸盐(以亚硝酸钠计)/(mg/kg)	≤4
亚硫酸盐(以 SO_2 计)/(mg/kg)	≤30
菌落总数/(CFU/g)	≤100000
大肠菌群/(MPN/100g)	≤300
致病菌(系指肠道致病菌及致病性球菌)	不得检出

（二）试验方法

1. 感官指标检测

（1）色泽、形态、杂质和霉变　称取混合后样品 200g 放入白搪瓷盘内，用目测法检测。

（2）气味和滋味　用嗅和尝的方法检测。

（3）复水性　称取 20g 样品放入 500mL 的烧杯中，倒入 95℃热水恒温浸泡 2min，观察其状态。

2. 理化指标检测

参照本章第一节有关内容。

3. 卫生指标检测

砷、铅、镉、汞、亚硝酸盐、亚硫酸盐按 GB/T 5009—2010 规定执行。菌落总数、大肠菌群、致病菌按 GB 4789—2010 规定执行。

第三节　常见香辛料品种标准

本节介绍了花椒、八角、桂皮等 11 种常见香辛料的最新国家标准。

一、花椒

鲜花椒、冷藏花椒、干花椒和花椒粉标准参照 GB/T 30391—2013 进行。

（一）术语和定义

（1）花椒　花椒（*Zanthoz-ylum bungeanum* Maxim.）、竹叶椒（*Z. annatum* DC.）和青椒（*Z. schinifolium* Sielo. et Zucc.）的果皮。

（2）鲜花椒　未干制的新鲜花椒。

（3）冷藏花椒　经杀青、冷藏的鲜花椒。

（4）干花椒　晒干或干燥后的花椒。

（5）花椒粉　干燥花椒经粉碎得到的粉状物。

（6）过油椒　提取了花椒油素或经过油炸后的花椒。

（7）闭眼椒　干燥后果皮未开裂或开裂不充分、椒籽不能脱出的花椒果实。

（8）霉粒　霉变的花椒果实。

（9）色泽　成品花椒固有的颜色与光泽。

（10）杂质　除花椒果实、种子、果梗以外的所有物质。

（11）外加物　来自外部、不是花椒果实固有的物质，包括染色剂及其他人为添加物。

（二）采收、干制

1. 采收

鲜花椒采收时，应根据品种和级别要求，确定具体采收时间。可手摘或剪采。鲜花椒可采带花椒复叶1～2片；干制花椒只采摘伞状、总状果穗或果实。

2. 干制

采用晾晒或加热（50～60℃）干燥进行干制，晾晒时应将鲜花椒摊平于洁净、无污染的场所。

（三）要求

1. 分级

以花椒精油含量为依据，将鲜花椒、冷藏花椒、干花椒、花椒粉分为一、二两个等级。

2. 感官指标

花椒及花椒粉的感官指标应符合表6-14的要求。

表6-14　鲜花椒、冷藏花椒、干花椒和花椒粉感官指标

项目	鲜花椒及冷藏花椒	干花椒	花椒粉
油腺形态	油腺大而饱满	油腺凸出，手握硬脆	—
色泽	青花椒呈鲜绿或黄绿色；红花椒呈绿色、鲜红色或紫红色	青花椒褐色或绿褐色；红花椒鲜红或紫红色	青花椒粉为棕褐色或灰褐色；红花椒棕红或褐红色

续表

项目	鲜花椒及冷藏花椒	干花椒	花椒粉
气味	气味清香、芳香，无异味	清香，芳香，无异味	芳香，舌感麻味浓，刺舌
杂质	无刺、霉腐粒，具种子，或果穗具1～2片复叶及果穗柄	闭眼椒、椒籽含量≤8%，果梗≤3%，霉粒≤2%，无过油椒	—

3. 理化指标

花椒及花椒粉理化指标应符合表6-15的要求。

表6-15　鲜花椒、冷藏花椒、干花椒和花椒粉理化指标

项　目		鲜花椒及冷藏花椒		干花椒		花椒粉	
		一级	二级	一级	二级	一级	二级
精油/(mL/100g)	≥	0.9	0.7	3.0	2.5	2.5	1.5
不挥发性乙醚提取物(质量分数)/%	≥	1.8	1.6	7.5	6.5	7.0	5.0
水分(质量分数)/%	≤	80.0		9.5	10.5	10.5	
总灰分(质量分数)/%	≤	3.0		5.5		4.5	
杂质(质量分数)/%	≤	10.0		5.0		2.0	
外加物		不得检出					

4. 卫生指标

花椒卫生指标应符合表6-16的要求。

表6-16　鲜花椒、冷藏花椒、干花椒和花椒粉卫生指标

项　目		指　标		检验方法
		鲜花椒及冷藏花椒	干花椒及花椒粉	
总砷/(mg/kg)	≤	0.07	0.30	GB/T 5009.11
铅/(mg/kg)	≤	0.42	1.86	GB/T 5009.12
镉/(mg/kg)	≤	0.11	0.50	GB/T 5009.15
总汞/(mg/kg)	≤	0.01	0.03	GB/T 5009.17
马拉硫磷/(mg/kg)	≤	1.82	8.00	GB/T 5009.20
大肠菌群/(MPN/100 g)	≤	30		GB/T 4789.32
霉菌/(CFU/g)	≤	10 000		GB/T 4789.16
致病菌(指肠道致病菌及致病性球菌)		不得检出		

(四) 试验方法

1. 取样方法及试样制备

按照 GB/T 12729.2—2008 或（五）1. 执行。粉末试样制备按 GB/T 12729.3—2008 执行。

2. 感官检验

观察样品的色泽、油腺形态、果形，有无霉粒、过油椒、杂质；鼻嗅或品尝其滋味；手感粗糙、硬脆、易碎者含水量适宜，反之含水量高；湿手撮捏椒粒，若手指染红或沾黏糊状物，表明花椒含有添加物；若内果皮呈红色或紫红色，表明含有染色剂。

3. 理化指标检测

理化指标的测定参照本章第一节有关内容。

4. 异物的检验

（1）等体积称量检验　用量筒分别量取花椒标准样、待检验花椒样品各 200mL，分别称重，若花椒样品重量大于标准样的 5%时，表明花椒样品含异物。

（2）浸泡检验　称取待检验花椒样品 20g，置于烧杯中，加入 100mL 水，浸泡 20min，若椒粒变形、水混浊或变色，表明花椒含染色剂或异物。

5. 卫生指标检验

按 GB 4789.3—2010、GB/T 4789.16—2003、GB/T 5009.11—2014、GB 5009.12—2010、GB/T 5009.15—2003、GB/T 5009.17—2003、GB/T 5009.20—2003 的规定执行。

(五) 检验规则

1. 取样

（1）组批　同品种、同等级、同生产日期、同一次发运的花椒产品为一批，凡品种混杂、等级混淆、包装破损者，由交货方整理后再进行抽检。

（2）抽样　成批包装的花椒按 GB/T 12729.2—2008 取样，散装花椒应随机从样本的上、中、下抽取小样，混合小样后再从中抽取实验室样品，未加工的鲜花椒和干花椒的实验室样品总量不得少于2kg，花椒粉的取样量不少于500g；批量在1000kg以上的货物抽取0.5%、500～1000kg取1%、200～500kg取2%、20kg以下取2kg的混合小样。

2. 检验类别和判定规则

（1）出厂检验　出厂检验项目为感官、水分、挥发油、总灰分和杂质。

（2）型式检验　型式检验项目为本标准中（三）要求所列的全部项目。正常生产每6个月进行一次型式检验。

此外有下列情形之一时，也应进行型式检验：新产品鉴定；原辅材料、工艺有较大改变，影响产品质量；产品停产6个月以上，重新恢复生产；出厂检验与前一次型式检验结果有较大差异。

（3）判定规则　出厂检验及判定规则：出厂检验项目全部符合标准的，判定为合格。出厂检验项目如有一项或一项以上不符合标准的，可在同批产品中加倍抽样复验，复验后仍不符合的，按实测结果定级或判为不合格。

型式检验判定规则：型式检验项目全部符合标准要求时，判该批产品型式检验合格；型式检验项目有一项及以上项目不合格，可取备样复验，复验后仍不符合标准要求的，判该批产品型式检验不合格。

（六）标志

下列各项应直接标注在包装上：①品名、等级、产地；②生产企业名址、电话；③保质期、合格标志；④净重；⑤生产日期。

（七）包装、储存和运输

1. 包装

包装材料应符合食品卫生要求。内包装应用聚乙烯薄膜袋（厚度≥0.18mm）密封包装，外包装可用编织袋、麻袋、纸箱（盒）、塑料袋或盒等。所有包装应封口严实、牢固、完好、洁净。

2. 储存和运输

(1) 储存　冷藏花椒应在－5～－3℃下冷藏。冷库应干燥、洁净，不得与有毒、有异味的物品混放。干花椒、花椒粉常温储存，库房应通风、防潮，垛高不超过3m，严禁与有毒害、有异味的物品混放。

(2) 运输　运输途中应防止日晒雨淋，严禁与有毒害、有异味的物品混运；严禁使用受污染的运输工具装载。冷藏花椒在运输途中应保持在25℃下。

二、八角

八角标准参照GB/T 7652—2006进行。

(一) 术语和定义

(1) 大红八角　秋季成熟期采收，经脱青处理后晒干或烤干的八角果实。

(2) 角花八角　春季成熟期采收，经脱青处理后晒干或烤干的八角果实。

(3) 干枝八角　落地自然干燥的八角果实。

(4) 脱青　用加热处理，使八角鲜果原有的叶绿素消失的方法。

(5) 自然干燥　直接晒干或晾干八角。

(6) 色泽　八角成品的不同色泽，有棕红、褐红和黑红之分。

(7) 碎口　八角破裂后1～4瓣连接在一起的碎体。

(8) 杂质　八角果实外的其他物质（包括果梗）。

(9) 香味　成品八角特有的芳香味。

(10) 黑果　加工不当造成颜色全部变黑的果实。

(11) 挥发油　八角经水蒸馏得到的芳香油。

(12) 总灰分　八角在高温下炙灼至完全灰化的残渣。

(二) 技术要求

1. 规格

大红八角分一级、二级、三级，角花八角分一级、二级，干枝八角为统级，共六个级别。

2. 感官指标

八角的感官指标应符合表6-17的规定。

表6-17 八角的感官指标

类别	级别	颜色	气味	果形特征
大红	一	棕红或褐色	芳香	角瓣短粗、果壮肉厚、无黑变、无霉变、干爽
	二			
	三			
角花	一	褐红	芳香	角瓣瘦长、果小肉薄、无黑变、无霉变、干爽
	二			
干枝	统级	黑红	微香	壮瘦皆备、碎角多、无霉变、干爽

3. 理化指标

八角的理化指标应符合表6-18的规定。

表6-18 八角的理化指标

类别	级别	果体大小/(个/kg)	碎口率/%	杂质含量/%	水分含量/%	总灰分含量/%	挥发油含量/%
大红	一级	≤850	≤6	≤0.5	≤12.5	≤3.0	≥7.5
	二级	≤1200	≤10	≤1.0			
	三级	不限	≤20	≤1.5			
角花	一级	≤1200	≤3	≤1.0			
	二级	不限	≤15	≤1.5			
干枝	统级	不限	不限	≤2.0			

4. 卫生指标

八角中二氧化硫残留量应小于30mg/kg。

(三) 试验方法

1. 检验流程

(1) 第一流程　颜色→气味→杂质含量→果数→碎口率→水分。

(2) 第二流程　挥发油→灰分→二氧化硫残留量。

2. 感官指标

(1) 颜色　用肉眼观察鉴定。

（2）气味　鼻嗅辨八角是否具有该等级应有的芳香味。

（3）干爽度　手握有刺感，折测声脆者为含水量适合，手感柔软为含水量高。

3. 理化指标

（1）果数　用天平称取1000g样品（精确至0.1g），数计果数，缺瓣的凑足八瓣为一果，不足八瓣的四舍五入。

（2）碎口率　用上述样品，记下读数，然后用镊子将1～4瓣碎体选出，称其质量，按式(6-9) 计算碎口率，其数值以%表示。

$$S=\frac{m_2}{m_1}\times 100 \tag{6-9}$$

式中　S——碎口率，%；

m_2——试样质量，g；

m_1——碎口质量，g。

（3）杂质　按GB/T 12729.5规定执行。

（4）水分　按GB/T 12729.6规定执行。

（5）灰分　按GB/T 12729.7规定执行。

（6）挥发油测定（蒸馏法）

① 仪器　1000mL的硬质平底烧瓶、挥发油测定器（0.1mL刻度）和回流冷凝管。

② 测定　称取已粉碎混匀的样品20～25g（精确到0.001g），置烧瓶中，加蒸馏水500mL、玻璃珠数粒，振摇混合后，连接挥发油测定器与回流冷凝管，自冷凝管上端加水至充满测定器的刻度，并部分溢流入烧瓶时为止，然后缓缓加热至沸，并保持微沸状态5h。由测定器下端的旋塞将水缓缓放出，至油层上液面达到零刻度线上面50mm处为止，放置1h，再开启旋塞让油层下降至其上液面恰与零刻度线平齐，读取油量毫升数。

③ 计算

挥发油含量按式(6-10) 计算，其数值以%表示。

$$C=\frac{V\times\rho}{m}\times 100 \tag{6-10}$$

式中　C——挥发油含量，%；

V——刻度管中油层的容量，mL；

ρ——挥发油平均密度，23℃时取0.98g/mL；

m——样品质量，g。

(7) 卫生指标　二氧化硫残留量的测定按GB/T 5009.34—2003中第二法的规定执行。

(四) 检验规则

1. 组批

同产地、同等级、同一批采收发运的八角作为一个检验批次。

2. 抽样

按GB/T 12729.2的规定执行。

3. 判定规则

① 经检验符合八角技术要求的产品，该批产品按本标准判定为相应等级的合格产品。

② 卫生指标或理化指标检验结果中任意一项指标不合格，该产品按本标准判定为不合格产品。

③ 果梗属于杂质，验收时应予以拣除。

4. 复验

贸易双方对检验结果有异议时，须加倍抽样复验，复验以一次为限，结论以复验结果为准。

(五) 包装、标志、储存和运输

1. 包装

八角应使用洁净、无毒和完好且不影响八角质量的材料包装。

2. 标志

包装上应标明产地、收获日期、等级规格、毛重、净重以及防潮标志。

3. 储存

八角应储存在通风、干燥的库房中，并能防虫、防鼠。堆垛要整齐，堆间要有适当的通道以利通风。严禁与有毒、有害、有污染、有异味的物品混放。

4. 运输

八角在运输中应注意避免雨淋、日晒。严禁与有毒、有害、有异味物品混运。禁用受污染的运输工具装载。

三、丁香

丁香标准参照GB/T 22300—2008进行。

（一）术语和定义

1. 整丁香

丁香的干燥花蕾，上部花托中有子房2室，内含胚珠，4片分开的尖花萼片成冠状包裹着圆顶柱头，柱头由4个尚未绽放的膜质鳞状花瓣重叠而成，花瓣含有内曲、呈直立状的雄蕊。

2. 无头丁香

没有柱头，仅剩花托和萼片的丁香。

3. 有瑕疵的丁香

由于干燥不完全而发酵，外观呈淡棕色，带粉白色斑点，表面有皱褶的丁香。

4. 母丁香

丁香的果实，为棕色卵形浆果，顶部有4个内曲花萼片。

5. 丁香梗

丁香花柄的干燥碎片。

6. 丁香粉

丁香研磨后得到的不含其他添加物的粉末。

（二）要求

1. 外观和感官特性

整丁香或丁香粉应具有浓烈刺激性芳香味和特有的滋味；不得

有异味、霉变。整丁香应呈红棕至黑棕色。丁香粉应呈淡紫罗兰棕色。丁香中不得带有活虫、死虫、昆虫肢体及其排泄物。按 GB/T 12729.13 的规定测定丁香粉中的污物。

2. 外来物

外来物包括以下物质：①污物、灰尘、石子、木屑等；②除丁香以外的植物碎片、藤蔓、花梗；③废丁香。

按 GB/T 12729.5 的规定，测定丁香中外来物含量，应符合表 6-14 的规定。

3. 整丁香的分级

整丁香分级如表 6-19 所示。

表 6-19 整丁香的分级

等　级	无头丁香/% ≤	藤蔓、母丁香/% ≤	有瑕疵的丁香/% ≤	外来物/% ≤
1 级	2	0.5	0.5	0.5
2 级	5	4	3	1
3 级	不规定	6	3	1

4. 理化指标

（1）整丁香　整丁香理化指标应符合表 6-20 的规定。

表 6-20 整丁香理化指标

项　　目		指标	检验方法
水分(质量分数)/%　≤		12	GB/T 12729.6
挥发油(干态)/(mL/100g)	1 级、2 级　≥	17	ISO 6571
	3 级　≥	15	

（2）丁香粉　丁香粉应符合表 6-21 的规定。

表 6-21 丁香粉理化指标

项　　目		指　标			检验方法
		1 级	2 级	3 级	
水分(质量分数)/%	≤	10	10	10	GB/T 12729.6
总灰分(质量分数，干态)/%	≤	7	7	7	GB/T 12729.7
酸不溶性灰分(质量分数，干态)/%	≤	0.5	0.5	0.5	GB/T 12729.9
挥发油(干态)/(mL/100g)	≥	16	16	14	ISO 6571
粗纤维(质量分数)/%	≤	13	13	13	ISO 5498

（三）取样方法

整丁香和丁香粉的取样按 GB/T 12729.2 的规定执行。实验室最小取样量为 200g。

（四）试验方法

丁香（整的和粉状）样品按丁香要求表 6-20 和表 6-21 规定的方法检验，以确定其是否符合本标准要求。

分析用粉末样品的制备按 GB/T 12729.3 的规定执行。

总灰分按 GB/T 12729.7 的规定执行，但灰化温度应为 600℃±2.5℃。

（五）包装、标志、储存和运输

1. 包装

整丁香或丁香粉应包装在洁净、完好的容器里，包装材料不得影响其质量、应能防潮和防止挥发性物质的散失。

2. 标志

下列各项应标志在每一个包装或标签上：产品名称、商品名或商标名称；制造者或包装者姓名、地址；批号、代号；净重；等级。

3. 储存

丁香应储存在通风、干燥的库房中，地面要有垫仓板并能防虫、防鼠。堆垛要整齐，堆间要有适当的通道以利于通风。严禁与有毒、有害、有污染、有异味的物品混放。

4. 运输

丁香在运输中应注意避免日晒、雨淋。严禁与有毒、有害、有异味的物品混运。禁用受污染的运输工具装载。

四、月桂叶

月桂叶为 *Laurus nobilis* L. 的干叶，椭圆形，顶部尖（或钝），短叶柄，边沿波浪状，叶面绿色（有时黄色），背面色浅，叶长 20～100mm、宽 20～45mm。干叶光亮柔软，可见叶脉，背面暗淡，叶脉更明显。月桂叶（整的或碎叶）标准参照GB/T 30387—2013进行。

（一）要求

1. 外观和感官特性

月桂叶味微苦，略带刺激性，揉搓时会散发出令人愉快、浓烈、清新的气味。对月桂叶要求：①月桂叶不得有异味，更不得发霉。②月桂叶不得带活虫，不得霉变，更不得带肉眼可见的死虫、虫尸碎片及啮齿动物的残留物，必要时可借助放大镜观察，当放大倍数大于10倍时，应在检验报告中加以说明。月桂叶按产地和叶的大小进行分类。

2. 外来物

外来物总量按ISO 927的规定测定，其质量分数应不大于2%。外来物包括不属于月桂叶的所有物质，尤其是茎及所有其他外来的动植物和矿物质。

3. 理化指标

月桂叶理化指标应符合表6-22的规定。相应检测方法参照本章第一节。

表6-22 月桂叶理化指标

项目		指标	试验方法
水分(质量分数)/%	≤	8	ISO 939
总灰分(质量分数,干基)/%	≤	7	ISO 928
酸不溶性灰分(质量分数,干基)/%	≤	2	ISO 930
挥发油(干基)/(mL/100g)	≥	1	ISO 6571
粗纤维(质量分数,干基)/%	≤	30	ISO 5498

（二）取样

取样按ISO 948执行。

分析用粉末试样的制备按ISO 2825执行，粉末试样应全部通过500μm的筛。

五、盐水胡椒

盐水胡椒标准参照GB/T 30386—2013进行。

（一）术语和定义

盐水胡椒：部分成熟的鲜绿胡椒果盐渍得到的产品。

盐水总酸度：盐水胡椒中所有酸性物质的酸度，以柠檬酸的质量分数表示。柠檬酸是三元酸，其摩尔质量为192.13g/mol。

胡椒碱含量：本标准测得的刺激性成分（胡椒碱）的含量。注：含量以质量分数表示。

氯化物含量：本标准测得的胡椒盐水中所含氯离子的质量分数（以氯化钠计）。

（二）要求

1. 颜色和大小

胡椒果应具有成熟鲜胡椒特有的浅绿至绿色，果径3～6mm，同批次产品大小应大致相同。

2. 气味和滋味

具有鲜绿胡椒果特有的气味、滋味，不得有其他异味。

3. 外来物

不属盐水胡椒的物质均属外来物，外来物按ISO 927测定，总质量分数应不超过1%。注：轻质果、针头果、碎果不属外来物。

4. 不完善果

不完善果包括：褪色果、黑果、轻果、碎果和针头果。在500g沥干胡椒粒中分拣、称量，不完善果最大应不超过4%（质量分数）。

5. 无霉变、无虫，不含防腐剂、着色剂和调味剂

不得霉变、带虫，不得添加防腐剂、着色剂、调味剂等添加物。

6. 沥干质量

沥干质量应不少于净质量的50%（质量分数）。测定方法如下。

先称量盐水胡椒（整包装）的质量（m），精确至0.1g，然后称量筛的质量（m_1）精确至1g（容量小于等于850mL的包装用直径200mm的筛，大于800mL的用直径300mm的筛）。将筛放在合适的容器上，将盐水胡椒倒在筛上，将筛水平倾斜20°，当胡椒倒入的瞬间开

始计时，精确计时 2min，计时结束立刻将筛连同筛中物一起称量（m_2）。将装过盐水胡椒的容器沥洗、烘干、称量（m_3），精确至 0.1g。

保留盐水供测定胡椒盐水中氯离子。

按式 $m_N=m-m_3$ 计算净质量（m_N），按式 $m_E=m_2-m_1$ 计算沥干净质量（m_E）。式中，m_N 为净质量，g；m_E 为沥干净质量，g；m 为盐水胡椒（整包装）的质量，g；m_1 为筛的质量，g；m_2 为筛和沥干胡椒的质量，g；m_3 为盐水胡椒包装的质量，g。

7. 盐水胡椒中胡椒碱含量

ISO 5564 规定了胡椒碱的测定方法，但由于氯化钠的存在，盐水胡椒中胡椒碱的测定难以获得稳定结果。下面介绍的是盐水胡椒中胡椒碱含量测定的校正方法。

用乙醇萃取样品中的刺激性成分，在 343nm 下进行光谱测定，然后计算胡椒碱含量。测定所用试剂均为分析纯试剂，乙醇体积分数 96%。所用仪器如 ISO 5564 所述。其他仪器如下：塑料容器，直径大于 10cm；调温烘箱，50℃±5℃；分析天平，感量 0.001g。

（1）试样的准备　将青胡椒果沥干盐水。称取（精确至 0.01g）沥干后的胡椒果 50～60g，置于塑料容器中，摊平后放入 50℃烘箱中烘 24h。其中塑料容器质量 m_0；塑料容器和沥干胡椒果质量 m_4；烘干后称量，塑料容器和干胡椒果质量 m_5。

（2）试验方法

① 氯化钠含量测定　采用硝酸银沉淀滴定法测定氯离子，用自动滴定电位计指示终点。

试样为测定沥干净质量时，盐水胡椒沥干后收集到的盐水。从滴定管中取试样（溶液）约 0.5g，称量（精确至 0.0001g），用蒸馏水或去离子水稀至约 50mL。用 0.1mol/L 硝酸银溶液滴定试样（溶液）的氯离子，1mL 硝酸银溶液相当于 5.844mg 氯化钠。

氯化物含量 s 以氯化钠质量分数表示，$s=0.5844\times\frac{V}{m}$。式中，$V$ 为硝酸银溶液体积，mL；M 为试样质量，g。

② 水分含量（H）测定　按 ISO 939 的规定执行。

③ 胡椒碱含量（P）的测定　按 ISO 5564 测定胡椒果（沥干、

干燥、研碎后）的胡椒碱含量（干基）。

（3）结果表示

胡椒碱含量（干态），按式(6-11）计算：

$$P_0=P\Bigg/\left[\left(1-\frac{H}{100}\right)\left(1+\frac{S}{100}\right)-\frac{S}{100}\times\frac{250}{100}\times\frac{m_4-m_0}{m_5-m_0}\right] \quad (6\text{-}11)$$

式中，P_0 为盐水胡椒（干基）中胡椒碱含量（质量分数，校正值）；P 为胡椒碱含量（干基）（质量分数）；H 为胡椒果水分含量（质量分数）；S 为氯化钠含量（质量分数）；m_0 为塑料容器质量，g；m_4 为塑料容器和沥干胡椒果质量，g；m_5 为塑料容器和干胡椒果质量，g。

8. 盐水胡椒参数和加工条件

（1）盐水胡椒应符合表 6-23 规定的要求。

表 6-23　盐水胡椒的质量要求

项　　目	指　标	试验方法
外观	清澈、无沉淀	感官检验
乙酸或柠檬酸(质量分数)/%　　≤	0.6	(四)总酸度的测定(以柠檬酸表示)
氯化物含量(质量分数,以氯化钠计)/%	12～15	(二)7(2)①氯化钠含量测定
pH 值	4.0～4.5	pH 计

（2）盐水胡椒应在卫生符合要求的环境条件下加工。

（三）取样

取样方法参照本章第一节有关内容。

（四）总酸度的测定（以柠檬酸表示）

1. 原理

用酚酞作指示剂，氢氧化钠为滴定液，测定盐水的总酸度。

2. 试剂

仅使用分析纯试剂、蒸馏水或纯度相当的水。乙醇体积分数：95%～96%。氢氧化钠溶液：0.1mol/L。

酚酞溶液：将约 2g 的酚酞溶于 1L 乙醇中，用移液管吸取该溶液 10mL，然后用水稀释至 1L。

3. 仪器

常用实验室仪器，其他仪器如下：烧杯，50mL～100mL；移液管，10mL；滴定管，20mL；磁力搅拌器；分析天平，感量0.001g。

4. 方法

(1) 试样　按式(6-12) 估算从滴定管取出的试样（液）量(5～20mL)，用100mL烧杯称量，精确至0.001g。

$$\frac{5}{a} \leqslant m \leqslant \frac{10}{a} \tag{6-12}$$

式中　m——试样质量，g；

a——预估的总酸度，以柠檬酸的质量分数表示，%。

(2) 柠檬酸含量的测定　在盛有试液的50mL烧杯中加入酚酞溶液至满刻度。用0.1mol/L氢氧化钠溶液进行2次平行滴定，酚酞的粉红色出现即为滴定终点。

(3) 结果表示

总酸度 a，用柠檬酸质量分数表示，按式(6-13) 计算：

$$a = \frac{M \times c \times V}{3 \times m} \tag{6-13}$$

式中　a——总酸度；

M——柠檬酸摩尔质量，192.13g/mol；

c——氢氧化钠的浓度，mol/L；

V——氢氧化钠溶液体积，mL；

m——试样质量，g。

六、桂皮

桂皮［中国桂皮、印度尼西亚（简称印尼）桂皮、越南桂皮］标准参照GB/T 30381—2013进行。

（一）术语和定义

整筒　削去外表皮的成熟嫩枝皮，洗净干燥后，自然卷成的单卷或多卷的筒状。

削皮　将成熟桂皮树嫩枝的外表皮削去，再剥取桂皮。

不削皮　不削去成熟桂皮树嫩枝的外表皮，直接剥取桂皮。

桂碎　采收、分级、搬运和包装过程中产生的、大小不等的碎片（削皮或不削皮）。

桂皮粉　各型桂皮经研碎后得到的、不含添加物的粉状产品。

（二）型式和分级

1. 型式

（1）中国桂皮　来自 *Cinnamomum cassia* ex Blume 的树枝皮，有筒状的单卷或多卷重叠。

（2）印尼桂皮　来自 *Cinnamomum burmanii*（C. G. Nees）的树干皮，有薄的或厚的、削皮的单卷或多卷，呈深红棕色。

（3）越南桂皮　来自 *Cinnamomum loureirii* Nees 的小树枝皮，有单卷和多卷。

2. 商品分级

（1）中国桂皮　筒长 250～380mm 不等，直径 20mm，有削皮和不削皮，厚度通常为 3mm（有时达 6mm），具有甜的芳香味，有时略带涩味，中国桂皮分为三个级别，见表 6-24。

表 6-24　中国桂皮的分级

商品分级	中国桂皮的物理特性
广东桂皮	削皮或不削皮的筒状，不削皮产品为棕灰色，表面带灰白斑、粗糙不规则。不太令人愉快的气味。削皮的灰皮呈淡红棕色，表面光滑或接近光滑
广西桂皮	广西桂皮筒状（整的或碎片、削皮或不削皮），表面不像广东桂皮那样粗糙
桂碎（1 级和 2 级）	采收、分级、搬运和包装卷状（削皮或不削皮）产品的过程中产生的小碎片

（2）印尼桂皮　为筒状的单卷和多卷，长约 1m、宽为 50～100mm 的条状树皮，皮厚 1～5mm 不等。印尼桂皮分为四个等级，见表 6-25。

表 6-25　印尼桂皮的分级

商品分级	印尼桂皮的物理特性
AA 级：优选	直径 5～15mm 的削皮卷状，黄色至棕黄色，无白斑，具有印尼桂皮特有的刺激性甜味

续表

商品分级	印尼桂皮的物理特性
A级	削皮;黄色至褐黄色,具有印尼桂皮特有的刺激性甜味
B级	削皮或部分削皮;棕色至棕灰色,表面粗糙,具有印尼桂皮特有的刺激性甜味
C级:桂碎	采收、分级、搬运和包装(削皮或不削皮)产品的过程中产生的小碎片

(3) 越南桂皮 越南桂皮主要有单卷和多卷，呈棕灰色，长150～300mm不等，直径10～38mm，皮厚达6mm。越南桂皮分为四个等级，见表6-26。

表6-26 越南桂皮的分级

商品分级	越南桂皮的物理特性
整卷(薄)	厚度达1.5mm,皮薄略粗糙,深棕色,纵向有脊状波浪,许多树瘤状疤痕凸起物
整卷(中)	皮厚1.5～3.0mm之间
整卷(厚)	皮厚3～6mm,皮厚质轻,呈灰色,粗糙,无凸起物
桂碎	采收、分级、搬运和包装过程中产生的、大小不等的碎片

(三) 要求

1. 气味、滋味

具有该产地产品所特有的气味和滋味。

2. 颜色

桂皮粉为淡黄色至红棕色。

3. 无霉变、不生虫

整桂皮不得带活虫，不得霉变，更不得带肉眼可见的死虫、虫尸碎片及啮齿动物的残留物，必要时可借助放大镜观察，当放大倍数大于10倍时，应在检验报告中加以说明。

若有争议，桂皮粉中残留物可按ISO 1208的规定进行测定。

4. 外来物

外来物包括茎、叶、壳以及其他植物组织和砂土、灰尘，外来物含量按ISO 927规定的方法测定，其质量分数不得超过1%。

5. 理化指标

桂皮（筒状、卷状和粉状）应符合表 6-27 的要求。

表 6-27　桂皮理化指标

项　　目		要求		试验方法
		中国桂皮	印尼桂皮	越南桂皮	
水分(质量分数)/%					
整桂皮	≤	15	15	15	ISO 939
桂皮粉	≤	14	14	14	
总灰分(质量分数,干基)/%	≤	4.0	5.0	4.5	ISO 928
酸不溶性灰分(质量分数,干基)/%	≤	0.8	1.0	2.0	ISO 930
挥发油(干基)/(mL/100g)					
整桂皮	≥	1.5	1.0	3.0	ISO 5571
桂皮粉	≥	1.1	0.8	3.0	

(四) 取样

取样按 ISO 948 的规定执行。

七、生姜

生姜标准参照 GB/T 30383—2013 进行。

(一) 描述

1. 形状和外观

生姜是姜科植物 *Zingiber officinale* Roscoe 的带皮或不带皮的干燥块根茎。生姜为黄白色，可刮皮或削皮后洗净、干燥，可用熟石灰漂白。生姜可按产地、加工方式或颜色进行分级。

2. 气味和滋味

应具有生姜特有的、清新的刺激性气味。不得发霉、腐烂或带苦味。

(二) 要求

1. 通用要求

应符合食品安全和消费者保护法规有关掺杂（包括用天然或合成色素着色）、残留（如重金属和霉菌毒素）、杀虫剂和卫生规范的相关要求。

2. 物理要求

(1) 虫害　生姜不得带活虫，更不得带有可见的死虫或虫尸碎片；姜粉中污物按 ISO 1208 的规定测定。

(2) 外来物和异物　按 ISO 927 的规定测定，生姜的外来物含量应不大于 1%、异物含量应不大于 1.0%（质量分数）。

(3) 无粗颗粒　姜粉中不得带纤维和粗颗粒，姜粉粒度应达到买卖双方约定的要求。

3. 理化指标

生姜及姜粉的理化指标应符合表 6-28 的规定。

表 6-28　生姜及姜粉的理化指标

项　　目		指标	试验方法
水分(质量分数,干基)/%			
整的或片状	≤	12.0	ISO 939
姜粉	≤		
总灰分(质量分数,干基)/%	≤	8.0	ISO 928
酸不溶性灰分(质量分数,干基)/%	≤	1.5	ISO 930
挥发油(干基)/(mL/100g)			
整的或片状	≥	1.5	ISO 6571
姜粉	≥	1.0	

4. 卫生要求

(1) 生姜应按《国际推荐规范准则食品卫生通则》及《香辛料和干制芳香植物卫生规范准则》相关的要求进行处理。

(2) 还应满足以下要求：不带危害健康的微生物；不带危害健康的杀虫剂；应符合进口国现行有效的食品安全法规。

(三) 取样

取样按 ISO 948 的规定执行。整的或片状的生姜样品应研碎至全部通过 1mm 孔径的筛，才可用于表 6-29 中各项指标的测定。

(四) 试验方法

生姜按表 6-29 的规定测定。总灰分测定的灰化温度为 600℃±

25℃（而不是ISO 928中规定的550℃±25℃）。

八、辣椒

辣椒（整的或粉状）标准参照GB/T 30382—2013进行。

（一）术语和定义

未熟果：呈绿色至淡黄色、尚未成熟的辣椒果，与同批次的其他辣椒果明显不同。

斑点果：黑色或带黑斑的辣椒果。

碎果：加工过程中碎裂或部分缺失的辣椒果。

碎片：来自碎果的辣椒碎。

（二）要求

1. 气味和滋味

辣椒（整的或粉状）具有浓烈的刺激性气味、滋味。

2. 无虫、无霉变

辣椒及辣椒类（整的或粉状）不得带活虫，不得霉变，更不得带肉眼可见的死虫、虫尸碎片及啮齿动物的残留物，必要时可借助放大镜观察，当放大倍数大于10倍时，应在检验报告中加以说明；若有争议，可按ISO 1208的规定对残留物进行测定。

3. 外来物

不属辣椒或辣椒类的所有其他物质，以及梗、叶、砂土均为外来物；未熟果、斑点果、碎果和碎片不属于外来物。外来物含量按ISO 927的规定测定，应不超过1%（质量分数）。

4. 未熟果、斑点果和碎果

（1）未熟果、斑点果、碎果和碎片的测定　将已除去外来物的整辣椒样品平摊在白纸上，分拣出未熟果、斑点果、碎果和碎片。分别称量未成熟果、斑点果、碎果和碎片的质量（m_0、m_1、m_2），精确至0.1g。

未成熟果的含量（质量分数）按式(6-14)计算：

$$\frac{m_0}{m}\times 100\% \tag{6-14}$$

斑点果的含量（质量分数）按式(6-15）计算：

$$\frac{m_1}{m}\times 100\% \tag{6-15}$$

碎果和碎片的含量（质量分数）按式(6-16）计算：

$$\frac{m_2}{m}\times 100\% \tag{6-16}$$

式中　m——初始样品质量，g；

m_0——未熟果质量，g；

m_1——斑点果质量，g；

m_2——碎果和碎片的质量，g。

（2）整辣椒中未熟果和斑点果应不超过 2%，碎果和碎片应不超过 5%（质量分数）。

5. 理化指标

辣椒（整的或粉状）理化指标应符合表 6-29 的规定。

表 6-29　辣椒（整的或粉状）的理化指标

项　　目	指标	试验方法
水分(质量分数)/%　≤	11	ISO 939
总灰分(质量分数,干基)/%　≤	10	ISO 928
酸不溶性灰分(质量分数,干基)/%　≤	1.6	ISO 930

（三）取样

取样按 ISO 948 的规定执行。

（四）试验方法

试验方法按以下规定执行：辣椒（整的或粉状）应按表 6-29 和要求的规定测定；分析用粉末试样的制备按 ISO 2825 的规定执行；分析用的辣椒粉，应有 95%以上能通过孔径为 500μm 的筛，其粒度才符合要求。

九、八角茴香油

八角茴香油标准参照 GB 1886.140—2015 进行。

(一) 技术要求

1. 感官要求

感官要求应符合表 6-30 的规定。

表 6-30 八角茴香油感官要求

项目	要求	检验方法
色泽	无色至浅黄色	将试样置于比色管内或一洁净白纸上，用目测法观察
状态	澄清液体或凝固体	
香气	具有大茴香脑的特征香气	GB/T 14454.2—2008

2. 理化指标

理化指标应符合表 6-31 的规定。

表 6-31 八角茴香油理化指标

项目		指标	检验方法
相对密度(20℃/20℃)		0.970～0.992	GB/T 15540—2006
折光指数(20℃)		1.5525～1.5600	GB/T 14454.4
旋光度(20℃)		−2°～+2°	GB/T 14454.5
溶混度(20℃)		1 体积试样混溶于 3 体积 90%(体积分数)乙醇中，呈澄清溶液	GB/T 14455.3
冻点/℃ ≥		15.0	GB/T 14454.7
特征组分含量(质量分数，w)/%	龙蒿脑 ≤	5.0	
	顺式大茴香脑 ≤	0.5	
	大茴香醛 ≤	0.5	
	反式大茴香脑 ≥	87.0	

(二) 八角茴香油特征组分含量的测定

1. 仪器

色谱仪按 GB/T 11538—2006 中第 5 章的规定，毛细管柱，长 50m，内径 0.24mm。固定相：聚乙二醇。膜厚：0.25m。色谱炉温度：70℃恒温 1min；然后线性程序升温从 70～220℃，速率 2℃/min；最后在 220℃恒温 20min。进样口温度：250℃。检测器温度：250℃。检测器：氢火焰离子化检测器。载气：氮气。载气流速：1mL/min。进样量：约 0.2μL。分流比：100∶1。

2. 测定方法

面积归一化法：按 GB/T 11538—2006 中测定含量。

3. 重复性及结果表示

按 GB/T 11538—2006 中规定进行。

食品添加剂八角茴香油气相色谱图（面积归一化法）参见图 6-4。

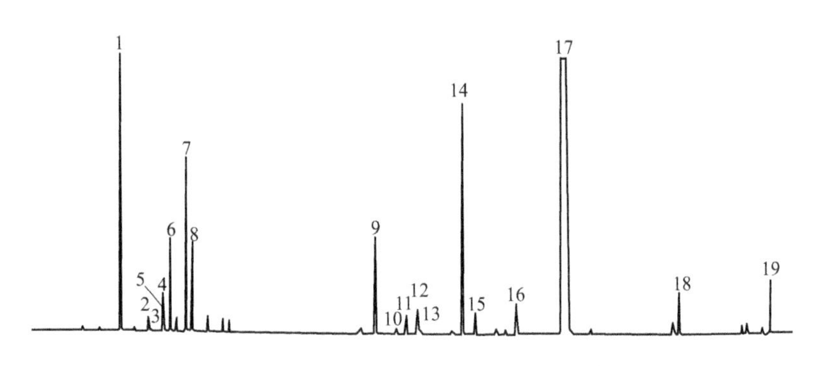

图 6-4 食品添加剂八角茴香油气相色谱图

1—α-蒎烯；2—β-蒎烯；3—桧烯；4—δ-3-蒈烯；5—月桂烯；6—α-水芹烯；7—苧烯；8—1,8-桉叶素；9—芳樟醇；10—顺式-α-香柠檬烯；11—反式-α-香柠檬烯；12—4-松油醇；13—β-石竹烯；14—龙蒿脑；15—α-松油醇；16—顺式大茴香脑；17—反式大茴香脑；18—大茴香醛；19—小茴香灵

十、辣椒油树脂

辣椒油树脂标准参照 GB 28314—2012 进行。

（一）感官要求

辣椒油树脂感官指标应符合表 6-32 的规定。

表 6-32 辣椒油树脂感官要求

项　目	要　求	检验方法
色泽	深红色至红色	取适量样品置于清洁、干燥的白瓷盘中，在自然光线下，观察其色泽和状态
状态	油状液体	

（二）理化指标

辣椒油树脂理化指标应符合表6-33的规定。

表6-33 辣椒油树脂理化指标

项目	指标	检验方法
辣椒素含量（w）/%	1.0～14.0	（三）辣椒素含量的测定（仲裁法）
残留溶剂/（mg/kg） ≤	50	GB/T 5009.37 残留溶剂
铅（Pb）/（mg/kg） ≤	2	GB 5009.12
总砷（以As计）/（mg/kg） ≤	3	GB/T 5009.11

注：商品化的辣椒油树脂产品应以符合本标准的辣椒油树脂为原料，可添加符合食品添加剂质量规格要求的乳化剂、抗氧化剂和（或）食用植物油而制成，其辣椒素含量指标符合标识值。

（三）辣椒素含量的测定（仲裁法）

1. 试剂和材料

甲醇、四氢呋喃，色谱纯；甲醇-四氢呋喃混合溶剂：体积比为1∶1；辣椒碱标准品（纯度≥95%）；二氢辣椒碱标准品（纯度≥90%）。

标准储备液：分别精确称取适量辣椒碱标准品和二氢辣椒碱标准品，精确到0.0001g，用甲醇溶解并定容。配成浓度均为1mg/mL的辣椒碱和二氢辣椒碱的混合标准储备液，密封后储于4℃冰箱中备用。

标准使用液：分别吸取标准储备液0mL、0.5mL、1mL、1.5mL、2.0mL和2.5mL，分别用甲醇定容至25mL，此标准系列浓度为0μg/mL、20μg/mL、40μg/mL、60μg/mL、80μg/mL和100μg/mL，现配现用。

2. 仪器和设备

高效液相色谱仪，配备紫外检测器；分析天平，感量0.0001g；分析天平，感量0.001g。

3. 参考色谱条件

色谱柱：C18，4.6mm×250mm，5μm（或其他等效色谱柱）。流动相：甲醇-水溶液，体积比为65∶35。进样量：10μL。流速：

1mL/min。紫外检测波长：280nm。柱温箱温度：30℃。

4. 分析步骤

（1）试样液制备　准确称取适量试样（辣椒素含量约1%时称取1.000g，约2%时称取0.500g，以此类推），用甲醇-四氢呋喃混合溶剂溶解并定容至100mL，经0.45μm滤膜过滤后备用，此为试样液。

（2）测定　按参考色谱条件对试样液和标准使用液分别进行色谱分析。根据标准使用液中辣椒碱和二氢辣椒碱的含量绘制标准曲线，用标准物质色谱峰的保留时间定性，根据辣椒碱、二氢辣椒碱标准曲线及试样液中的峰面积定量。

5. 结果计算

试样中辣椒碱含量以质量分数 w_1 计，数值以 g/kg 表示，按公式(6-17) 计算：

$$w_1=\frac{c_1 \times V}{1000m} \tag{6-17}$$

式中　c_1——由标准曲线查到的辣椒碱含量，μg/mL；

V——试样定容体积，mL；

1000——质量换算系数；

m——试样质量，g。

计算结果表示到小数点后三位。

试样中二氢辣椒碱含量以质量分数 w_2 计，数值以 g/kg 表示，按公式(6-18) 计算：

$$w_2=\frac{c_2 \times V}{1000m} \tag{6-18}$$

式中　c_2——由标准曲线查到的二氢辣椒碱含量，μg/mL；

V——试样定容体积，mL；

1000——质量换算系数；

m——样品质量，g。

计算结果表示到小数点后三位。

试样中辣椒素含量以质量分数 w_3 计，数值以%表示，按公式(6-19)计算：

$$w_3=\frac{w_1+w_2}{9} \quad (6\text{-}19)$$

式中 w_1——试样中辣椒碱含量，g/kg；

w_2——试样中二氢辣椒碱含量，g/kg；

9——辣椒碱与二氢辣椒碱折算为辣椒素含量的系数。

实验结果以平行测定结果的算术平均值为准。在重复性条件下获得的两次独立测定结果的绝对差值不大于算术平均值的5%。

第四节 香辛料质量安全追溯系统

一、系统总体设计

香辛料质量安全追溯系统采用条码技术、数据库技术、控件开发技术等信息技术进行开发，为香辛料种植者、收购商、加工企业、流通企业、销售商、消费者等用户提供统一产品追溯和管理平台。系统依托关键信息技术在种植、收购、加工和销售等环节建立数据采集平台，并通过计算机和移动终端实现追溯数据的采集和传输，所有数据在数据中心进行统一管理，用户和消费者可通过网络查询平台对香辛料生产过程数据进行追溯查询，系统的总体设计架构如图6-5所示。

二、关键技术

香辛料质量安全追溯系统涉及的关键技术主要包括追溯编码技术、数据库技术和Web Services技术。

1. 追溯编码技术

本系统设计采用GS1标准作为编码标准，按照EAN. UCC系统进行系统编码，具有全球范围内通用性、普遍性、可维护性和可扩展性，被广泛应用于食品安全追溯系统中的产品标识。EAN. UCC系统是以对贸易项目、物流单元、位置、资产、服务

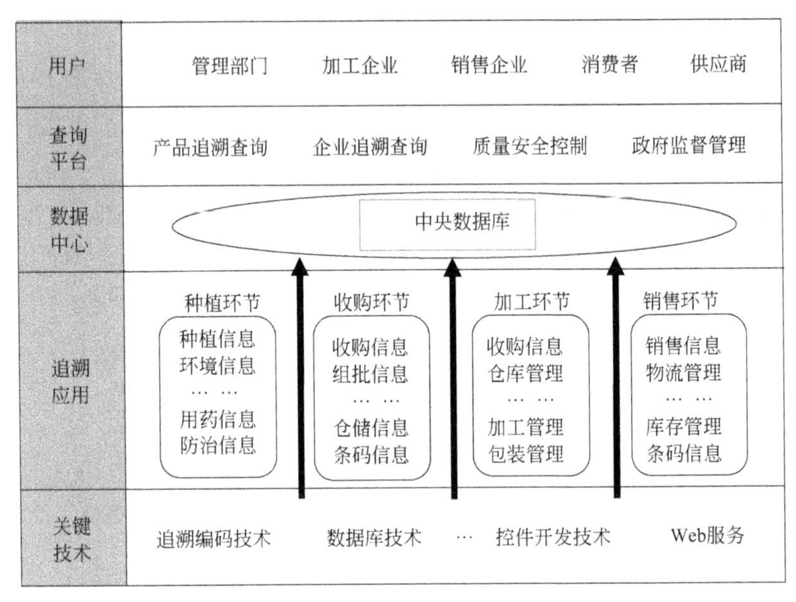

图 6-5　香辛料质量安全追溯系统总体设计架构

关系等进行编码为核心的集条码、射频等自动数据采集、电子数据交换、全球产品分类、全球数据同步、产品电子代码（EPC）等系统为一体的服务于物流供应链的开放的标准体系。GS1 标准的全球统一编码体系对香辛料供应链中参与方、贸易项目、物理位置等都能进行标准化编码，可以有效解决供应链上信息编码不唯一的问题。

2. 数据库技术

数据库（Data Base，DB）是存储在计算机辅助存储器中、有组织的、可共享的相关数据集合，具有如下特性：①数据库是具有逻辑关系和确定意义的数据集合；②数据库是针对明确的应用目标而设计、建立和加载的，并为一组用户提供应用需求服务；③一个数据库反映了客观事物的某些方面，而且需要与客观事物的状态始终保持一致。本系统数据库主要起到两个方面的作用，一方面进行信息系统开发，结合 C 语言开发信息系统解决业务数据的输入和管理问题，主要利用关系数据管理系统（Relatianal Database Management System，RDBMS）的基本功能即数据定义功能、数据操纵功能、数据查询功能以及数据控制功能；另一方面进行数据分析与展示作用，利用RDBMS的数据查询功能对香辛料追溯数据库中的数据进行关联组合或逐级汇总分析，并以表格、图形或报表形式将分析结果进行展示，实现追溯业务数据的综合利用问题。

3. Web Service 技术

Web服务（Web Service）是基于XML和HTTPS的一种服务，其通信协议主要基于简单对象访问协议（Simple Object Access Protocol，SOAP），服务的描述通过（Web Services Description Language，WSDL），通过统一描述、发现和集成协议（Universal Description，Discovery and Integration）来发现和获得服务的元数据。可扩展的标记语言（XML）是Web Service平台中表示数据的基本格式。XML Schema（XSD）定义了一套标准的数据类型，并给出了一种语言来扩展这套数据类型。Web Service平台就是用XSD来做其数据类型系统的。SOAP定义一个XML文档格式，该格式描述如何调用一段远程代码的方法。Web服务描述语言WSDL是一个描述Web服务的XML词汇表。UDDI负责向Web服务注册中心定义SOAP接口。本系统构建了香辛料追溯数据上传、数据接收的Web Service，通过SOAP调用服务器中的Web Service，可实现香辛料种植、收购、加工、销售等各环节追溯信息的数据加载和数据上传功能。

三、追溯系统实现

1. 香辛料质量安全追溯系统实施方案

香辛料质量安全追溯系统的流程包括了香辛料质量安全追踪部分和香辛料质量安全溯源部分，其中质量安全追踪内容包括香辛料从产地种植生产、原料收购、香辛料加工、产品销售至进入餐桌等不同溯源环节，需要对每个环节的信息进行记录，并且依据制定的溯源编码规则随着环节的变更生成对应的系统溯源条码。质量安全溯源部分，包括香辛料的销售溯源、生产溯源、原料溯源和产地溯源四个环节，可以开展香辛料从餐桌到农田的溯源查询，通过对每个阶段溯源信息记录的查询，能够方便地对存在质量问题的环节进行问题查找、排除和解决，保障香辛料在市场流通各环节的质量安全。

香辛料质量安全追溯系统实施方案主要包括种植、收购、加工和出口销售四个环节内容，需要对种植者、收购商、加工商等不同的供应链从业人员进行培训，并且采集相应环节的溯源信息进行数据上传。

（1）种植环节　种植者是每个生产或收获种植产品的作业者，也是香辛料质量安全追溯系统的第一个作业者。种植者需要将采集的日常溯源信息和生产溯源信息录入种植溯源信息采集系统，打印条码追溯标签后在原料包装中进行条码张贴和信息上报。

（2）收购环节　收购商对具有追溯标签的香辛料原料进行收购时，可以通过条码扫描器获取香辛料原料的溯源信息。在收购环节，如果存在一个以上的分类和包装阶段，收购商需要记录所有与原产地相关的数据以及香辛料的特性数据，录入数据信息，并根据供应链中前一个环节参与方提供的数据，生成追溯所需的产品标签，同时进行信息上报。

（3）加工环节　加工商在此环节需要进行收购、仓储、加工、包装和运输管理。加工商将收购的香辛料原料进行统一的仓储管理，并根据自己实际情况制订生产计划，在完成香辛料产品的生产、加工和包装后，将生产厂家追溯码并上传相应的追溯信息，待下一步发往零售领域。

（4）销售环节　记录销售产品的物流信息和销售信息，主要用于国内零售信息记录和国外销售溯源信息记录。在此环节记录销售产品的物流信息、销售信息、全球贸易码等内容，消费者可通过追溯网站进行香辛料产品的溯源查询。

2. 香辛料质量安全追溯系统编码

针对我国境内流通和用于出口的香辛料产品，编制香辛料从生产、收购、加工到销售各环节的溯源条码。为确保溯源各环节能提供正确、可靠、安全的条码信息，系统编码遵循GS1统一标准，在参考GB/T 16986—2009、NY/T 1761—2009、NY/T1431—2007、SB/T 10680—2012等标准基础上，制定了香辛料种植环节、香辛料收购环节、香辛料加工环节和香辛料出口销售环节的编码规范。

香辛料质量安全追溯系统编码规则主要包括以下几个方面内容。

(1) 香辛料种植环节　应包含品种代码、产地代码、原料名称等内容。此环节中追溯码结构为：(7030)种植代码+(13)日期+(10)批次。

(2) 香辛料收购环节　应包含收购香辛料追溯码、收购商代码、包装日期、批号等内容。此环节中追溯码结构为：(7031)收购商代码+(13)日期+(10)批次。

(3) 香辛料加工环节　应包含收购香辛料追溯码、加工商代码、包装日期、批号等内容。此环节中追溯码结构为：(7032)加工商代码+(13)日期+(10)批次。

(4) 香辛料出口销售环节　应包含全球贸易项目代码、贸易项目数量、批号、包装日期、供货方的全球位置码等内容。此环节中追溯码为：(01)GTIN+(10)批次。

3. 香辛料质量安全追溯系统实现

香辛料质量安全追溯系统根据实施方案，采用面向对象程序开发思想，利用数据库技术、C语言、Web Service技术、Ajax技术进行开发实现。香辛料质量安全追溯系统包括香辛料质量安全信息采集平台和追溯网站查询平台两部分组成，可实现香辛料从种植、收购、加工到销售等不同环节质量安全信息的采集获取。通过追溯网站查询平台的追溯查询界面和查询结果展示界面，可以以多种方式进行查询展示。

参 考 文 献

[1] 王建新，衷平海．香辛料原理与应用［M］．北京：化学工业出版社，2004.
[2] 徐清萍．香辛料生产技术［M］．北京：化学工业出版社，2008.
[3] 马海乐．食品机械与设备［M］．北京：中国农业出版社，2004.
[4] 许学勤．食品工厂机械与设备［M］．北京：中国轻工业出版社，2001.
[5] 崔建云．食品加工机械与设备［M］．北京：中国轻工业出版社，2011.
[6] 张国治．食品加工机械与设备［M］．北京：中国轻工业出版社，2011.
[7] 张佰清，李勇．食品机械与设备［M］．郑州：郑州大学出版社，2012.
[8] 刘升平，储叶平，鄂越等．香辛料质量安全追溯系统研究与构建［J］．农业网络信息，2016，1：44-49